本书获2021年教育部产学合作协同育人项目（202102108018），浙江省“十四五”研究生教育改革项目（2022YJSJG09），中国计量大学研究生教材建设项目（2023YJSKC19）资助。

离心泵水力振动特性实验与数值模拟

周佩剑　张弋扬　资　丹◎编著

·成都·

图书在版编目（CIP）数据

离心泵水力振动特性实验与数值模拟 / 周佩剑，张弋扬，资丹编著 . — 成都：成都电子科大出版社，2024.12

ISBN 978-7-5770-0789-2

Ⅰ . ①离… Ⅱ . ①周… ②张… ③资… Ⅲ . ①离心泵—水力振动—实验—数值模拟 Ⅳ . ① TH311

中国国家版本馆 CIP 数据核字（2024）第 015314 号

离心泵水力振动特性实验与数值模拟

LIXINBENG SHUILI ZHENDONG TEXING SHIYAN YU SHUZHI MONI

周佩剑　张弋扬　资　丹　编著

策划编辑　陈　亮
责任编辑　罗国良
责任校对　卢　莉
责任印制　梁　硕

出版发行　电子科技大学出版社
　　　　　成都市一环路东一段 159 号电子信息产业大厦九楼　邮编 610051
主　　页　www.uestcp.com.cn
服务电话　028-83203399
邮购电话　028-83201495

印　　刷　武汉佳艺彩印包装有限公司
成品尺寸　170 mm × 240 mm
印　　张　12
字　　数　170 千字
版　　次　2024 年 12 月第 1 版
印　　次　2024 年 12 月第 1 次印刷
书　　号　ISBN 978-7-5770-0789-2
定　　价　88.00 元

前　　言

离心泵的振动问题严重影响机组的运行安全性，因此，用户和生产厂家对此问题的关注度日益增加。泵内的非定常流动是导致水力机械振动的主要原因之一。本书旨在介绍离心泵水力振动研究领域的最新进展和应用方法，为工程师、研究人员和高校学生提供参考。

本书的第 1 章为绪论，旨在为读者阅读和理解本书奠定基础。第 2 章深入探讨振动学基础知识，为后续章节提供理论支撑。第 3 章至第 5 章分别为振动性能指标分析与评价、离心泵振动信号的分析与处理方法、离心泵振动信号的频谱特征分析，帮助读者系统理解离心泵的振动特性。第 6 章重点介绍离心泵水力振动的数值模拟方法。第 7 章探讨基于振动信号的离心泵运行智能诊断技术，展示利用机器学习提升离心泵的运行安全性的方法。

本书由周佩剑、张弋扬、资丹编著。其中，第 1 章由周佩剑、资丹撰写；第 2 章由周佩剑、张弋扬撰写；第 3 章和第 4 章由张弋扬撰写；第 5 章由周佩剑撰写；第 6 章由资丹、张弋扬撰写；第 7 章由周佩剑撰写。周佩剑负责全书统稿。

感谢研究生周陈贵、王彦添、周兴、王莹、林桂炫等同学提供的帮助，感谢中国计量大学、电子科技大学出版社的大力支持。由于作者水平有限，书中难免存在不足之处，敬请读者不吝指正。

目 录

第 1 章　绪　论

离心泵作为一种常见的流体机械设备，广泛应用于农业灌溉、工业供水以及城市供配水系统等领域。然而，由于流体在离心泵中的流动特性复杂，泵体结构受到流体激励而引起的水力振动也成为一个十分受关注的问题。水力振动不仅会导致离心泵的噪声和振动增加，还可能引发泵体与管道的疲劳破坏，并且降低离心泵的工作效率和寿命。通过实验与数值模拟相结合的研究方法，可以分析离心泵在不同工况下的水力振动特性，在此基础上，可以有针对性地采取措施来减小或避免水力振动，提高离心泵的工作效率和寿命。

1.1　离心泵振动分析

在转动设备和流动介质中，低强度的机械振动是不可避免的。引起水泵振动的原因是多方面的。

1.1.1　振动原因

泵的振动十分复杂，造成泵振动的原因很多，主要由电气、水力、机械和水工等方面引起，具体来说与配套动力、加工制造、机组装配、安装基础、水工建筑及运行工况等有关。

1. 电气方面

电机内部磁力不平衡和其他电气系统的失调，常引起振动和噪声。如异步电机在运行中，有定转子齿谐波磁通过相互作用而产生的定转子间径向交变磁拉力，或大型同步电机在运行中，定转子磁力中心不一致或各个方向上气隙差超过允许偏差值等，都有可能引起电机周期性振动并发出噪声。

2. 水力方面

泵在偏离设计工况下运行时，可能出现流量偏大或偏小、压力产生脉动、吸入状态不合格、汽蚀、混入异物导致叶轮堵塞等现象。

（1）水力冲击式振动。当水泵叶轮叶片的外端有水流经过时，就会形成水力冲击，而且冲击力度与叶轮的尺寸及叶片转速相关。随着水力脉冲传至管路系统或基础就伴随着噪声和振动的形成，若这股水力脉冲的频率恰好与管道、泵轴或基础的自身频率相近，就会形成强烈的共振，极大地损害设备。

可从以下几个方面预防这类水力振动：

①适当加大叶轮外端与导叶入口的距离；

②总装配时，给水泵首级叶轮准确定位，并按适当间距将各级叶轮叶片的出口边错开，叶片位置也要错落布置，避免水力冲击造成的损失；

③改变泵管道的形状、路线，以此来减小冲击和振幅；

④合理安排泵的安装高度；

⑤安装前置泵。

（2）压力脉动式振动。在给水泵运行中，每个设备都有最小流量限值，如果在运行中低于最小限值就会摩擦生热，水会汽化，在叶轮的进出口会产生回流，从而形成局部涡流区等现象，压力脉冲现象会影响泵压力，从而造成水流量忽大忽小。

对这一原因可以采取以下方法预防：

①可以采用调整叶片出口角的方法，减小角度从而改变泵的性能曲线；

②在设计管路时避免有较大波动，科学计算管路的倾斜度，在安装节流装置时应当在靠近出口的位置可以有效避免管路出现向上倾斜的问题；

③安装再循环等相关装置，可以有效避免在运行中流量值低于限值的状况；

④安装液力耦合装置从而根据流量的变化合理设置转速。

（3）空化引起的振动。泵流量过大时，流入泵口的水不能有效供给出水，造成入口水流汽化，汽水混流，此时，泵就会产生强烈振动和噪声。

可采取以下措施防止汽蚀：

①减小水泵运行负荷变化幅度，以便发生空化时能尽快调整流量和转速；

②缩短泵入水管路以减小水流动过程产生的阻力损失；

③为避免给水泵负荷急剧增减，要确保除氧器水箱有足够的容量，同时适当增加水箱与给水泵的标高差以保证泵入口压差富裕。

3. 机械方面

电机和水泵转动部件质量不平衡、粗制滥造、安装质量不良、机组轴线不对称、摆度超过允许值，零部件的机械强度和刚度差、轴承和密封部件磨损破坏，以及水泵临界转速出现与机组固有频率引起的共振等，都会产生强烈的振动和噪声。

（1）中心不正引起的振动。

所谓中心不正即泵轴与电机轴的轴心线不在同一条直线上。常见的有联轴器圆周偏差和端面平行度超标引起的振动。结合造成中心不正的因素，需要根据实际情况来分析和解决。

①给水泵安装后检修工艺不当，找中心误差较大。若瓢偏度、对轮晃度不合格，则需使用百分表找中心而不可用塞尺；若给水泵需装填料，则需在无填料情况下找中心；为避免人为读错数据，则需对测量结果进行两次及以上核查。

②暖泵不当使转子膨胀不均匀而弯曲变形也会发生振动，泵组启动前热膨胀也会改变中心位置引起水泵振动，因此应充分暖泵避免因温差使泵体变形，找中心时需要考虑泵体热膨胀。

③水泵进出水口管道应力太大会导致运行时中心位置发生变化，可通过对管道重新焊接减小应力。

④轴承、支吊架等磨损也会使中心变化。可通过提高润滑油的质量或重新更换轴承来改善这种情况。

⑤联轴器齿轮不合也会影响中心准确性，更换新的齿轮即可。

（2）动静部件摩擦引起的振动。

轴瓦乌金、轴间隙过大、部件脱落或者轴与密封圈摩擦产生的高温问题都会导致轴变曲等问题的出现，从而形成部件之间的动静摩擦，产生振动问题，而动静之间的摩擦也会反作用于转子使转子产生强烈振动。针对这一问题可以采用以下方法：

①合理掌控动静部件之间的距离，利用扩大动静间隙的方法降低摩擦。

②定期进行检查，拧紧转子背冒防止松动。

③定期检查轴瓦是否出现松动问题，并及时进行调整。

（3）回转部件不平衡引起的振动。

回转部件不平衡是引起振动的重要原因，而振幅的大小与转速有重要联系。而造成不平衡问题出现的原因也是非常多的，通过分析，主要原因有新更换的叶轮质量不平衡，转子中心不正等，可以采取以下方法。

①安装水泵后调整转子的方法，安装暖泵时应当选择合理的安装方法，可以避免由于泵体膨胀产生的动静摩擦。

②更换转子以后需要进行平衡试验，以保证质量合格。

（4）基础不良造成的振动。

①泵在安装过程中形成了弹性基础或基础松动下沉引起的振动。若基础的自身频率与泵转速相等，就会形成后果严重的共振，我们必须重新打基础。

②由于油水浸泡导致基础刚性降低，抗震性能就会变差，从而加大振幅。

③螺栓松弛会导致泵轴中心不正引起振动，因此要定期检修。

4. 水工及其他原因

进水条件不良、淹没深度不够、自振引起的共振等。

1.1.2 振动分类

1. 按产生振动的原因分类

（1）自由振动：系统在去掉外加干扰力后出现的振动。

（2）受迫振动：在激振力持续作用下，系统产生的振动。

（3）自激振动：机械系统由于外部能量与系统运动相耦合形成振荡激励所产生的振动。

2. 按振动随时间变化的规律分类

（1）简谐振动：物体振动参量（位移、速度和加速度）的瞬时值随时间按正弦或余弦函数规律变化的周期性振动。

（2）非简谐波振动：系统运动量值按一定时间间隔重复出现的非简

谐振动。

（3）随机振动：对未来任意给定时刻，物体运动量的瞬时值均不能根据以往的运动历程预先加以确定的振动。

3. 按振动系统结构参数分类

（1）线性振动：系统的惯性力、阻尼力和弹性恢复力分别与加速度、速度和位移的一次方成正比，能用常系数线性微分方程描述的振动。

（2）非线性振动：系统的惯性力、阻尼力和弹性恢复力具有非线性特性，只能用非线性微分方程描述的振动。

4. 按振动系统的自由度数目分类

（1）单自由度系统的振动：用一个广义坐标就能确定系统在任意瞬时位置的振动。

（2）多自由度系统的振动：用两个或两个以上的广义坐标才能确定系统在任意瞬时位置的振动。

（3）连续系统的振动：需要用无穷个广义坐标才能确定系统在任意瞬时位置的振动。

5. 按振动形式分类

（1）纵向直线振动：振动体上的质点只做沿轴线方向的直线振动。

（2）横向直线振动：振动体上的质点只做沿垂直于轴线方向的直线振动。

（3）扭转振动：振动体垂直轴线的两个平面上质点相对做绕轴线的回转振动。

（4）摆动：振动体上质点在同一平面上做绕垂直平面轴线的回转振动。

1.2 泵振动的危害

振动超标的危害主要有：振动造成泵机组不能正常运行；引发电机和管路的振动，造成机毁人伤；造成轴承等零部件的损坏；造成连接部件松动，基础裂纹或电机损坏；造成与水泵连接的管件或阀门松动、损坏；形成振动噪声。

1.2.1 泵振动分析

1. 电机

电机结构件松动，轴承定位装置松动，铁芯硅钢片过松，轴承因磨损而导致支撑刚度下降，会引起振动。质量偏心，转子弯曲或质量分布问题导致的转子质量分布不均，造成静、动平衡量超标。

2. 基础及泵支架

水泵基础松动，或者水泵机组在安装过程中形成弹性基础，或者由于油浸水泡造成基础刚度减弱，水泵就会产生与振动相位差 180° 的另一个临界转速，从而使水泵振动频率增加，如果增加的频率与某一外在因素频率接近或相等，就会使水泵的振幅加大。另外，基础地脚螺栓松动，导致约束刚度降低，会使电机的振动加剧。

3. 联轴器

联轴器连接螺栓的周向间距不良，对称性被破坏；联轴器加长节偏心，将会产生偏心力；联轴器锥面度超差；联轴器静平衡或动平衡不好；弹性销和联轴器的配合过紧，使弹性柱销失去弹性调节功能，造成联轴器不能很好地对中；联轴器与轴的配合间隙太大；联轴器胶圈的机械磨损导致的联轴器胶圈配合性能下降；联轴器上使用的传动螺栓质量互相不等。这些原因都会造成振动。

4. 叶轮

（1）叶轮质量偏心。叶轮制造过程中质量控制不好，比如，铸造质量、加工精度不合格；输送的液体带有腐蚀性，叶轮流道受到冲刷腐蚀，导致叶轮产生偏心。

（2）叶轮的叶片数、出口角、包角、喉部隔舌与叶轮出口边的径向距离是否合适等。

（3）使用中叶轮口环与泵体口环之间、级间衬套与隔板衬套之间，由最初的碰撞摩擦磨损，逐渐变成机械摩擦磨损，这些将会加剧泵的振动。

5. 传动轴及其辅助件

轴很长的泵，易发生轴刚度不足，挠度太大，轴系直线度差的情况，造成动件（传动轴）与静件（滑动轴承或口环）之间碰摩，形成振动。另外，泵轴太长，受水泵中流动液体冲击的影响较大，使泵部分的振动加大。轴端的平衡盘间隙过大，或者轴向的工作窜动量调整不当，会造成轴低频窜动，导致轴瓦振动。旋转轴的偏心，会导致轴的弯曲振动。

6. 泵的选型和变工况运行

每台泵都有自己的额定工况点，实际的运行工况与设计工况是否符合，对泵的动力学稳定性有重要的影响。

7. 轴承及润滑

轴承的刚度太低，会造成第一临界转速降低，引起振动。润滑油选型不当、变质、杂质含量超标及润滑管道不畅而导致的润滑故障，都会造成轴承工况恶化，引发振动。

8. 管道及其安装固定

泵的出口管道支架刚度不够，变形太大，造成管道下压在泵体上，使得泵体和电机的对中性破坏；管道在安装过程中较劲太大，进出口管路与泵连接时内应力大；进、出口管线松动，约束刚度下降甚至失效；出口流道部分全部断裂，碎片卡入叶轮；管路不畅，如水泵的出口有气囊；水泵出口阀门掉板，或没有开启；水泵进口有进气，流场不均，压力波动。这些原因都会直接或者间接地导致泵和管路的振动。

9. 零部件间的配合

电机轴和泵轴同心度超差；电机和传动轴的连接处使用了联轴器，联轴器同心度超差；动、静零部件之间（如叶轮毂和口环之间）的设计间隙的磨损变大；中间轴承支架与泵筒体间隙超标；密封圈间隙不合适，造成了不平衡；密封环周围的间隙不均匀，比如口环未入槽或者隔板未入槽，就会发生这种情况。

10. 水泵自身的因素

叶轮旋转时产生的非对称压力场；吸水池和进水管涡流；叶轮内部以及涡壳、导流叶片旋涡的发生及消失；阀门半开造成旋涡而产生的振动；由于叶轮叶片数有限而导致的出口压力分布不均；叶轮内的脱流；喘振；流道内的脉动压力；汽蚀；水在泵体中流动，对泵体会有摩擦和冲击，比如水流撞击隔舌和导流叶片的前缘，造成振动；输送高温水的锅炉给水泵易发生汽蚀振动；泵体内压力脉动，主要是泵叶轮密封环，泵体密封环的间隙过大，造成泵体内泄漏损失大，回流严重，进而造成转子轴向力的不平衡和压力脉动，会增强振动。另外，对于输送热水的泵，如果启动前泵的预热不均，或者水泵滑动销轴系统的工作不正常，造成泵组的热膨胀，会诱发启动阶段的剧烈振动；泵体来自热膨胀等方面的内应力不能释放，则会引起转轴支撑系统刚度的变化，当变化后的刚度与系统角频率成整倍数关系时，就发生共振。

1.2.2 泵振动的预防措施

1. 做好设计环节的振动控制工作

在水泵的设计阶段，应考虑到各种可能导致水泵振动的问题，并对这些部位进行设计加强，尽可能杜绝不必要的振动，避免影响机组稳定运行。

（1）轴的设计。

在水泵机组轴设计时，要尽量提升传动轴支撑轴承的数量，并合理减少支撑间距。如果条件允许，可适当减少轴长度，而增加轴的直径和刚度。水泵机组在运行中，随着转速的提升，当转动频率接近或者整数倍于水泵转子的固有振动频率时，水泵机组就会剧烈振动。因此，在具体设计中，要促使传动轴中固有频率尽量避开发电机转子的角频率，提升轴制造质量，可避免发生轴质量偏心过大问题。

（2）合理选择滑动轴承。

在水泵机组中尽量避免选择需要定期润滑的滑动轴承，选择有良好自润滑性制作的材料，比如：可以选择由聚四氟乙烯制作的滑动轴承，同时合理设计结构组成，保证滑动轴承的稳固性。

（3）制造加工时。

要尽量提升加工精度，避免叶片型线不准确造成局部流速过大问题，致使压降过大。同时为提升水泵机组的抗汽蚀性能，需要在水泵机组进口位置合理增设水力增能器，主要结构如图 1–1 所示。

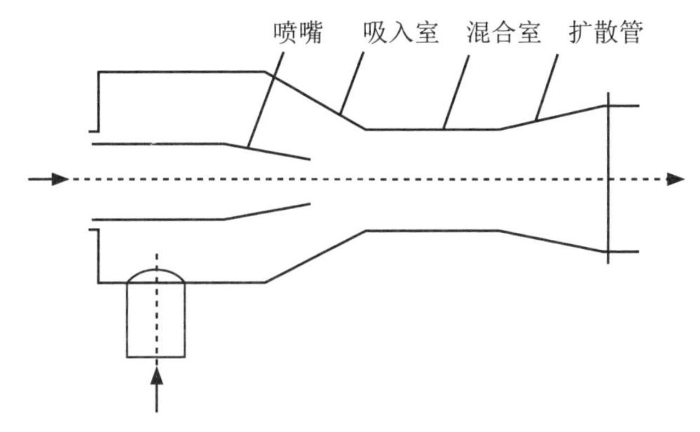

图 1–1　增能器结构

2. 注重对水力的设计

水力大小是产生振动的关键因素，因此在对水力进行设计的时候，水泵叶轮和流道的设计应进行合理考虑，减少叶轮内发生气蚀和脱硫的现象，并且能够科学地对叶片数、出口角、宽度等参数进行设计，使扬程曲线驼峰得到消除。并且，在水泵应用实践当中，我们应认识到泵叶轮的出口与蜗壳隔舌的距离的值为叶轮外径的十分之一，脉冲压力最小，当叶片的出口边缘有约 20° 的倾角，就能够更好地削弱冲击力；在叶轮与蜗壳之间留出缝隙，就能够使水泵运行效率得到有效提升。通过对水力的设计，能够降低水流对水泵的冲击力，降低水力在水泵中冲击过程中带来的振动。

3. 确保转子质量平衡

火电厂给水泵机组在投入使用前一定要进行安装调试，安装调试过程中一定要进行动、静平衡测试。测试过程中要科学调整转子中心的位置，使平衡力控制在满足平稳运行的范围内。在实际工作中，检修人员可以提高安装质量从而对转子不对中的情况加以预防，在源头上减少给水泵振动的发生。

具体的预防措施如下。

（1）在给水泵安装调试过程中找对旋转中心。

（2）给水泵在运行前进行充分的暖泵，避免因泵体受热不均而导致的泵体变形、中心偏离等情况。

（3）应合理设计管路，原则上要尽量减轻管路自身的重量、减小管路的膨胀推力。

4. 做好水泵的安装和维护工作

在水泵的安装和运行过程中，应做好质量维护工作，从而降低水泵振动的发生概率。

（1）轴和轴系。在具体安装之前，必须全面检查水泵轴、电机轴、传动轴的质量、型号、种类等。如果存在弯曲和质量偏心，必须矫正处理后才能使用。同时还要对轴的端间隙值进行校核，如间隙值过大，表明该轴承磨损严重，需要及时更换。

（2）联轴器。在联轴器安装时，要保证螺栓间距一致，弹性柱销和弹性套圈之间的结合，不能太紧。而联轴器内孔和轴的配合则不能太松，否则需要通过喷涂方式调整联轴器内径，保证其达到设计尺寸，并将联轴器牢牢固定在轴上，避免水泵机组运行时自身形成的振动，导致联轴器松动，引发非正常振动。

（3）滑动轴承安装时轴颈和轴承间隙，通过更换前后轴承、研磨、刮瓦、调整方式达到合格要求。泵轴轴承下瓦和泵轴轴颈接触点与接触角度必须达到设计要求，比如：下瓦背和轴承座接触面积需要控制在 60% 以上，轴颈处滑动接触面积上的接触点密度要保持在 2 ~ 4 个点 /cm^2，接触角度要控制在 60° ~ 90°。

（4）支架和底板。要及时发现存在振动的支撑件的疲劳情况，避免因为强度或者刚度的降低，致使支架和底板基础固有频率下降，引发非常正常振动。保证电机轴承间隙合适；适当调整叶轮与涡壳之间的间隙；定期检查，更换叶轮口环、泵体口环、级间衬套、隔板衬套等易磨损零件。

1.2.3 水泵振动的消除

导致水泵产生振动现象的原因多种多样，为了能够降低振动对水泵运行质量的影响，我们应做好质量管理工作，降低水泵的振动幅度，从而保障水泵运行的安全性。

1. 保证动静部件运行正常

如果给水泵振动的原因是动静部件配合不当，就应该及时检查泵体是否发生变形，泵轴是否弯曲。如果是因为动静部件之间摩擦较大引起的振动，可以采用适当扩大动静部件间隔的方式减小摩擦力。给水泵在运行过程中，应该尽量减少外界因素对给水泵的影响，时刻观察给水泵的振动情况，并及时根据振动情况调整轴颈的中心位置。

2. 水力振动处理方法

给水泵在发生水力振动时，常常会听到水流的声音。这可以作为判断水力振动的依据，应及时采取解决措施。水力振动的具体解决措施如下。

（1）适当调整叶轮与导叶部件之间的距离。

（2）变更流线型，尽量减小冲击力和振幅。

（3）在给水泵的安装过程中，叶片与导叶部件安装一定要节距错开，不能相互重叠。

3. 固体摩擦而引发的给水泵振动处理方法

如果因热应力而引发给水泵的弯曲或者较大的变形，以及其他原因引发给水泵动静部分接触，接触点的摩擦力将会作用在转子回转的反方向上，从而引发转子的剧烈振动。这就要求我们的检修人员经常对转子进行检查，一旦发现异常要及时采取处理措施或者是更换转子，确保给水泵的稳定运行。

4. 基础不良而引发的给水泵振动处理方法

如果基础不良，会降低基础的固有频率，当基础的固有频率与给水泵的转速一致时，就会引发泵的振动，因此在给水泵的设计阶段要特别注意这个问题，错开基础的固有频率。当给水泵运行数年后，基础的固有频率可能会发生一定的变化，此时就需要进行加固来减低泵振动发生的可能性。

5. 轴承损坏而引发的给水泵振动处理方法

针对轴承损坏而引发的给水泵剧烈振动，采取的处理方法主要有以下几种。

（1）保持给水泵的平稳运行，尽量避免出现急加速的现象。

（2）检修人员要加大对轴承的检修力度，查看轴承是否出现基架变形、磨损和接触面超标、钨金老化等现象，并采取适当的处理措施，对于超年限使用的轴承进行及时更换。

（3）在给水泵运行过程中，检修人员要加大巡检力度，一旦发现轴承有异常声响或振动要立即停泵检修，直至消除隐患。总之，针对火电厂出现的给水泵振动原因，要强化防御措施，尽快解决故障，以免故障给火电厂带来更大安全隐患。

6. 消除由泵选型和操作不当引起的振动

水泵机组中需要两泵并联运行，则要保证两泵性能及运行参数的一致性，泵性能曲线要尽量缓降型，严禁存在驼峰。同时还要注意以下几点。

（1）积极消除可能引发水泵机组运行超载的因素，比如：流道堵塞时，要及时清理。

（2）适当提升水泵机组的启动时间，降低对传动轴造成的影响，减少转动部分和静止零件之间的碰撞及摩擦，降低水泵机组运行中形成的热变形。

（3）针对水润滑的滑动轴承而言，在启动时，必须加入充足的润滑水，避免干启动，直到出水之后，才能停止注水。

（4）为避免发生水泵机组振幅过大问题，需要使用测量分析振动状况仪器来全天候监测水泵运行工作参数，发现问题及时处理，保证水泵机组时刻处于最佳的运行状态。

1.3 振动信号在故障诊断中的应用

作为一种非侵入性技术，振动信号监测对机械设备的外部结构非常友好，不会破坏设备原本的结构。振动信号中蕴含着泵运行时丰富的状态信息，既包括因内部流动造成的水力激振，也包括泵体自身的机械振动。通过采集不同故障情况下的振动信号，并结合相应的处理和分析方法，可以发现泵类设备在正常状态和不同故障状态下信号特性的差异，从而实现对泵设备的维护和诊断。

故障信号的分析主要从时域、频域和时频域三个角度进行。时域分析可以定量或定性地描述信号在时间轴上的波形。通过计算信号的统计特征，如均值、方差、峰值、有效值和峭度，并进行相关性分析和自回归模型拟合，可以反映机械设备的运行状态和故障特征。频域分析则通过傅里叶变换将信号从时域转换到频域，研究信号的频率成分、幅度、相位、能量或功率等特征。傅里叶变换是一种经典的信号处理方法，在旋转机械故障信号研究中得到广泛应用，能够有效提取信号中的周期性成分，抑制噪声干扰，并简化信号分析过程。此外，信号分解方法如小波变换、小波包分解和经验模态分解等，可以将原始信号分解为多个时长不变的信号分量，从而反映不同频率随时间变化的关系。振动信号在泵类机械故障诊断中的应用非常重要。通过提取振动信号中的特征值，并利用模式识别模型进行分类，可以判断设备的故障状态。例如，利用统计特征和决策树算法可以对离心泵的不同故障状态进行识别。同时，结合时频纹理图和卷积神经网络的方法，可以对离心泵振动信号进行时频分析并进行故障识别。

然而，在泵类机械故障诊断中，不同的方法都有各自的优缺点。传统的信号处理方法需要专业知识和对设备机理模型的了解，而基于机器学习的方法需要人工构建良好的特征工程。深度学习方法能够自动学习信号中的特征和规律，但需要大量计算资源，并且其可解释性较差。因此，在实际应用中，应根据具体情况选择合适的方法进行泵类机械的故障诊断。综合使用不同方法，可以提高故障诊断的准确性和效率，为设备的预测性维护提供有效支持。

泵类机械的故障诊断是一个复杂而重要的问题，涉及多种信号分析和处理方法。振动信号在泵故障诊断中的应用具有重要意义，可以通过提取特征值和利用模式识别模型进行分类来判断设备的故障状态。根据具体情况的不同，选择合适的方法进行综合分析，将有助于提高故障诊断的准确性和效率。随着技术的不断进步，新的方法和算法将进一步推动泵类机械故障诊断的发展，为设备维护和安全运行提供更好的支持。

第 2 章　振动学基础知识

2.1　振动的描述

常用的描述振动的物理量有：位移、速度、加速度、力、应力应变和转速。其中，位移、速度、加速度是最常用的描述振动响应的物理量。

1. 位移

振动物体离开平衡位置的距离，用符号 s 表示。国际标准单位：m。常用微米（μm）或毫米（mm）作单位。计算公式：

$$\Delta s = s_2 - s_1 \tag{2-1}$$

式中，Δs 代表单位时间间隔内质点位置的变化，s_1 表示 t 时刻质点位矢，s_2 代表 $t+\Delta t$ 时刻质点位矢。位移的量纲是 L。L 是国际单位制（SI）中基本量长度的量纲。

2. 速度

物体位移的快慢，即位移对时间的变化率，用符号 v 表示。振动速度的单位用 mm/s 来表示。计算公式：

$$v = \lim_{\Delta t \to 0} \frac{\Delta s}{\Delta t} = \frac{\mathrm{d}s}{\mathrm{d}t} \quad (2\text{-}2)$$

即位移对时间求导。速度的量纲是 LT^{-1}。T 是国际单位制（SI）中基本量时间的量纲。

3. 加速度

加速度是速度随时间的变化率，用符号 a 表示。国际标准单位：m/s^2。

计算公式：

$$a = \lim_{\Delta t \to 0} \frac{\Delta v}{\Delta t} = \frac{\mathrm{d}v}{\mathrm{d}t} \quad (2\text{-}3)$$

即速度对时间求导，也就是位移的二阶导数。加速度的量纲是 LT^{-2}。

4. 力

力是物体间的相互作用，物体承受的力可以有加载力，也可以有动态力。用符号 F 表示。国际标准单位：N。计算公式：

$$F = ma \quad (2\text{-}4)$$

即加速度与质量的乘积。力的量纲是 MLT^{-2}。M 是国际单位制（SI）中基本量质量的量纲。

5. 应力应变

材料或构件在单位截面上所承受的垂直作用力称为应力。在外力作用下，单位长度材料的伸长量或缩短量，称为应变量。在一定的应力范围（弹性形变）内，材料的应力与应变量成正比，它们的比例常数称为弹性模量或弹性系数。

6. 转速

做圆周运动的物体单位时间内沿圆周绕圆心转过的圈数，即旋转机械的转动速度。常用符号 n 表示；其国际标准单位为 rps（转 / 秒）或 rpm（转 / 分）。

2.2　其他常用名词术语

2.2.1　振动体系

1. 振动

物体或质点在平衡位置附近做周期性或随机性的运动。

2. 振动系统

由质量、刚度、阻尼等振动元素组成的动力学系统。

3. 动刚度

在动态条件下作用力的变化与位移的变化之比。

4. 阻尼

由于外界作用和（或）系统本身固有的原因引起的振幅随时间逐渐减小的特性。

5. 阻尼系数

在黏性或黏滞性阻尼条件下，阻尼力与振动速度的比值。

6. 临界阻尼

使振动物体刚好能不做周期性振动而又能最快地回到平衡位置的阻尼值。

7. 临界阻尼系数

当阻尼比为 1 时的阻尼系数。

8. 阻尼比

实际阻尼系数与临界阻尼系数之比。

9. 自由度

结构计算时，确定物体空间位置所需的最少独立坐标数。

10. 离散系统

具有有限自由度的力学系统。

11. 连续系统

具有无限自由度的力学系统。

12. 激励

作用于振动系统上的外力或其他激振形式，使系统以某种方式产生振动响应。

13. 响应

振动系统由激励引起的运动或其他输出。

2.2.2 振动特性

1. 固有振动

系统在不受外界作用的情况下所有可能发生的振动的集合，反映系统关于振动的固有特性。

2. 共振

当外部激励频率接近结构系统某固有频率时，其振动响应达到极大值的现象。

3. 耦合振动

由于振动系统各部分间的能量传递产生不独立且相互影响的振动。

4. 冲击振动

系统在冲击激励作用下的振动。

5. 振幅

结构振动时，其位移、速度、加速度、内力、应力、应变等振动响应的单方向最大变化幅度。

6. 相位

振动物理量随时间做简谐运动时，任意时刻所对应的角变量。

7. 均值

表示一组数据集中趋势的量值，指算术平均值。

8. 峰值

给定区间的振动量的最大值。

9. 峰峰值

一个周期内振动量最高值和最低值之间的差值。

10. 均方根值

将 N 个数项的平方和除以 N 后开平方的值。

11. 峰值因数

振动信号波形的峰值与均方根值（有效值）之比。

12. 中心频率

每频程的上限与下限频率的几何平均值。

2.2.3　振动参数

1. 频率

质点在单位时间内做周期运动的次数，单位为赫兹（Hz）。

2. 角频率

单位时间内变化的相角弧度值，又称圆频率。

3. 固有频率

由系统本身质量、刚度和边界条件所决定的振动频率。

4. 基频

振动系统最小的固有频率。

5. 阻尼固有频率

阻尼线性系统自由振动的频率。

6. 非线性阻尼

与振动速度不成线性关系的阻尼。

7. 线性阻尼

与振动速度成线性关系的阻尼，又称黏滞阻尼。

8. 线性阻尼系数

线性阻尼力与速度之比。

9. 库仑阻尼

当振动系统中的质点受到大小与位移和速度无关，而方向与质点速度相反的力的阻碍时而发生的能量耗散。

10. 振型

系统以特定的频率做简谐振动时各点所呈现的运动形态，又称“模态”。当系统做固有振动时，其振型称为“固有振型”或“固有模态”。

11. 振动模态

系统中每个质点做相同频率的简谐振动时的特征模式。一个多自由度系统的模态数等于其自由度数。

12. 自功率谱密度

每单位带宽的极限均方值（如加速度、速度、位移、应力或其他随机变量的极限均方值），对于一个给定的矩形带宽，当带宽趋于零时均方值除以带宽的极限值，也称为功率谱密度。

13. 临界转速

与旋转系统共振频率相对应的转动速度。

14. 波长

两相邻波峰（或波谷）间的水平距离。

15. 波形因数

在两个相继过零的半循环中，其均方根值（有效值）与均值之比。

16. 振动位移

物体相对于某一参考坐标位置变化的矢量。

17. 振动速度

单位时间内振动位移的变化量。

18. 振动加速度

单位时间内振动速度的变化量。

19. 宽频带随机振动

频率成分分布于宽频带内的随机振动。

20. 谐波

频率为基频或基频之整数倍的正弦波。

21. 对数衰减率

单自由度系统在阻尼固有频率振动时，任意两个相继的振动量最大值之比的自然对数。

22. 方差

用以衡量随机变量或一组数据的离散程度，可取随机变量与其平均值之差的二次方的平均值。

23. 协方差

用来衡量两个变量的总体误差的度量值。这两个变量可以为不同振动信号，也可为同一振动信号的不同时间延迟，分别称为这两个变量的互协方差和自协方差。

24. 倍频程

上限频率与下限频率之比是 2 的某次方时，称该频带是某次倍频程。

2.2.4 测量仪器

1. 传感器

能感受到被测量的信息并按照一定的规律转换成可用输出信号的器件或装置。

2. 振动传感器

能感受振动参量并转换成可用输出信号的传感器。

3. 加速度传感器 / 加速度计

能感受加速度量并转换成可用输出信号的传感器。

4. 速度传感器

能感受速度量并转换成可用输出信号的传感器。

5. 位移传感器

能感受位移量并转换成可用输出信号的传感器。

6. 冲击传感器

能感受冲击量并转换成可用输出信号的传感器。

7. 应变放大器

将电阻应变计或以电阻应变计为传感元件的传感器的输出电阻转换为电压并进行放大和调理的仪器。

8. 电荷放大器

将传感器输出的电荷转换为电压并进行放大和调理的仪器。

9. 滤波器

利用通过或增强输入信号中某些频率分量，抑制或衰减输入信号中另一些频率分量的方式来分离并取舍信号成分的装置。

10. 数据采集仪

将输入的模拟信号采集后数字化并能够存储在自带的存储介质或配套连接的计算机硬盘内的一种仪器。

11. 动态信号分析仪

基于快速傅里叶变换原理和数字信号处理技术对动态信号进行分析的仪器。

12. 无线传感器网络

由大量的静止或移动的传感器通过无线通信方式形成的一个多跳的、自组织的网络系统。

13. 光纤传感器信号解调仪

将光纤传感器输出的含有被测量信息的光信号转变成电信号并还原为被测量信号的仪器。

14. 数字存储示波器

将被测电信号进行模数转换、存储、处理后，再进行显示的一种示波器。

2.3 机械振动的分类

2.3.1 按振动系统的自由度数分类

（1）单自由度系统振动。

确定系统在振动过程中任何瞬时几何位置只需要一个独立坐标的振动，如图 2–1 所示。

（2）两自由度系统振动。

确定系统在振动过程中任何瞬时几何位置需要两个独立坐标的振动，如图 2–2 所示。

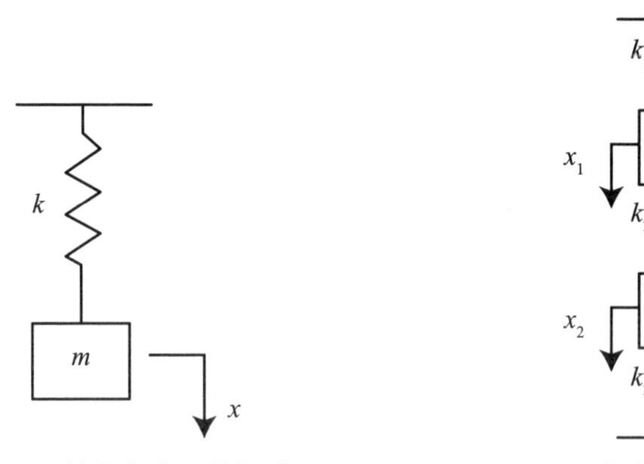

图 2–1 单自由度系统振动　　图 2–2 两自由度系统振动

其中，图 2–1 的 m、x、k 分别为模型质量、位移和刚度系数。图 2–2、图 2–3 同理。

（3）多自由度系统振动。

确定系统在振动过程中任何瞬时几何位置需要多个独立坐标的振动，

如图 2-3 所示。

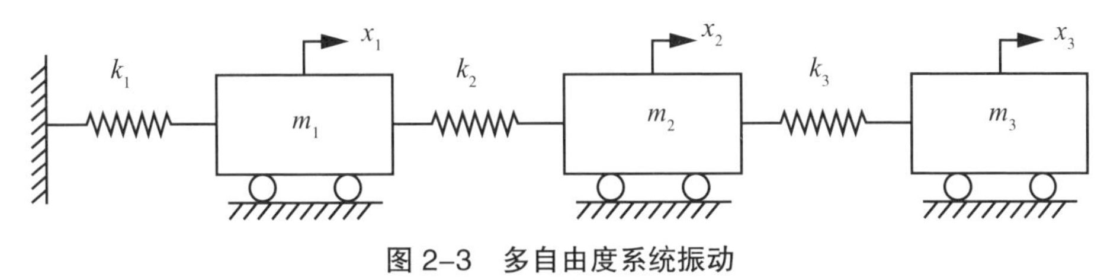

图 2-3　多自由度系统振动

2.3.2　按振动系统所受的激励类型分类

（1）自由振动：系统在外界作用消失的情况下，所发生的振动，一般指无阻尼系统的振动，如跌落、拍击造成的衰减振动。其图像如图 2-4 所示。

（2）受迫振动：系统由与时间有关的外力所激发的振动，如压缩机激励造成的管路振动。其图像如图 2-5 所示。

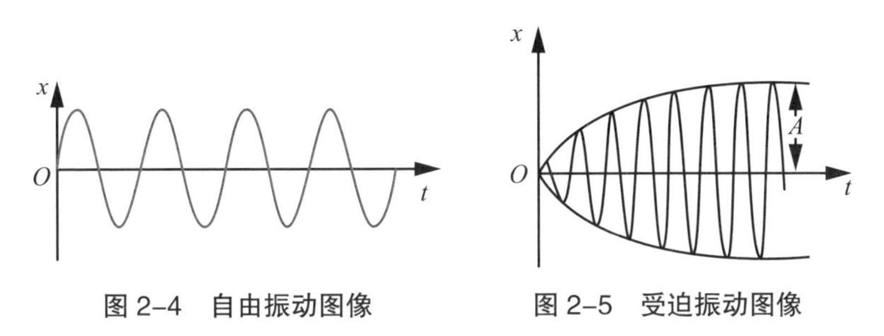

图 2-4　自由振动图像　　图 2-5　受迫振动图像

（3）自激振动：由机械系统内的能量转换成振荡激励而形成的振动，如轴承的油膜振动。

2.3.3　按系统的响应（振动规律）分类

（1）简谐振动：用时间为自变量的三角函数来描述的振动。其图像如图 2-6 所示。

（2）周期振动：振动物理量随时间自变量在经过某一相同增量后能重复出现的振动。其图像如图 2-7 所示。

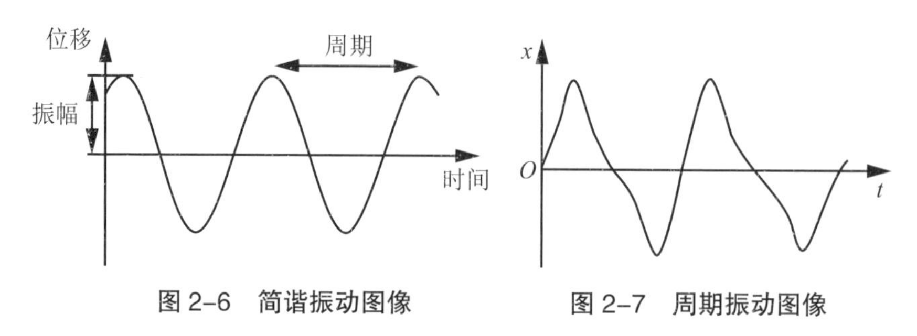

图 2-6　简谐振动图像　　　　图 2-7　周期振动图像

（3）瞬态振动：只能用时间的非周期衰减函数表示系统响应的振动。

（4）随机振动：对未来任意给定时刻，其瞬时值不能预先确定的振动。

（5）线性振动：系统中构件的弹性服从胡克定律，运动时产生的阻尼力与速度成正比的振动。

（6）非线性振动：系统中某个或几个参数具有非线性值，反映为恢复力与位移不成正比或阻尼力与速度不成正比的振动。

2.4　常用的振动信号传感器

将感受到的机械振动物理量作为输入，按一定规律转换成测量所需物理量后作为输出的一种装置，称为振动传感器。振动传感器按机械接收原理可分为相对式和惯性式；按机电变换原理可分为电动式、压电式、电涡流式、电感式、电容式、电阻式、光电式等；按所测物理量可分为位移传感器、速度传感器、加速度传感器、力传感器、应变传感器、扭矩传感器等。以上三种分类方法都是以某一个方面进行区分的，而在许多情况下，往往是将多种分类方法综合使用，如电涡流式位移传感器、压电式加速度传感器等。本节主要介绍几种常用的振动传感器。

2.4.1　电感式传感器

电感式传感器的基本原理是电磁感应效应，即利用电磁感应将被测非电量（如压力、位移等）转换为电感量的变化输出，再通过测量转换电路，将电感量的变化转换为电压或者电流的变化，实现非电量到电量之间的转换。此类传感器主要有变气隙式电感传感器、差动螺线管式电感传感器、差动变压器式电感传感器。以变气隙式电感传感器为例，图 2–8 所示为其工作原理示意图。被测结构与衔铁相连，当衔铁移动时，铁芯与衔铁间的气隙厚度 δ 发生改变，引起磁路的磁阻变化，导致线圈电感值发生改变，通过感知电感量的变化，就能确定衔铁的位移量的大小和方向，即被测结构的振动位移大小和方向。电感式传感器具有结构简单、工作可靠、测量精度高、零点稳定、输出功率较大等一系列优点，其主要缺点是灵敏度、线性度和测量范围相互制约、传感器自身频率响应低等。

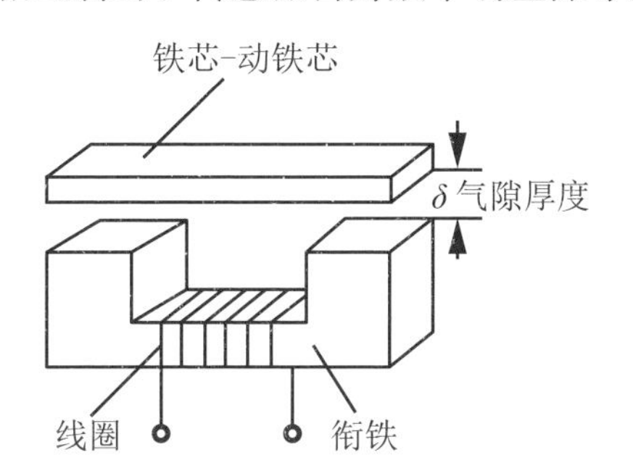

图 2–8　变气隙式电感传感器结构示意图

2.4.2　电容式传感器

电容式传感器利用将非电量的变化转换为电容量的变化来实现对物理量的测量。电容式传感器广泛用于位移、角度、振动、速度、压力、介质特性等方面的测量。电容式传感器的常见结构包括平板状和圆筒状，简称平板电容器或圆筒电容器。典型的电容式传感器由上下电极、绝缘体和衬底构成。电容式传感器工作原理如图 2–9 所示，当薄膜受压力作用时，薄膜会发生一定的变形，上下电极之间的距离发生一定的变化，从而使电容发生变化。

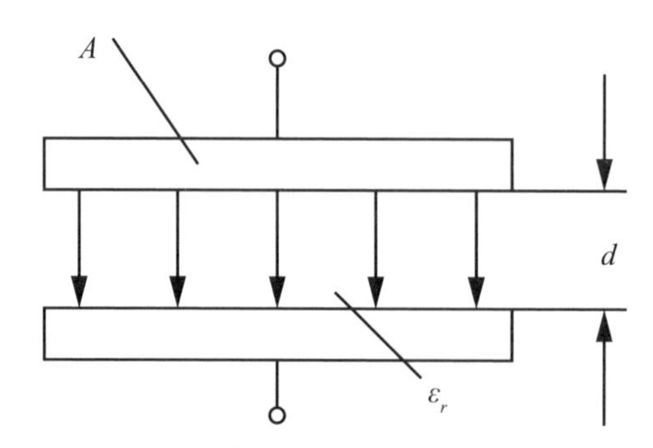

图 2-9　电容式传感器工作原理图

$$C=\frac{\varepsilon A}{d}=\frac{\varepsilon_0\varepsilon_r A}{d} \tag{2-5}$$

式中：A、d 为两平行板所覆盖的面积及之间的距离；ε、ε_r 为电容极板间介质的介电常数和相对介电常数；ε_0 为自由空间（真空）介电常数，$\varepsilon_0 \approx 8.85\times10^{-12}$ F/m。

由式（2-5）可见，当被测参数变化引起 A、ε_r 或 d 变化时，将导致平板电容式传感器的电容量 C 随之发生变化。在实际使用中，通常保持其中两个参数不变，而只改变其中一个参数，把该参数的变化转换成电容量的变化，通过测量电路转换为电量输出。因此，平板电容式传感器可分为三种：变面积型、变介质型和变极距型。

2.4.3　电阻应变式传感器

电阻应变式传感器是以电阻应变计为转换元件的电阻式传感器。电阻应变式传感器结构如图 2-10 所示，当被测物理量作用于弹性元件上，弹性元件在力、力矩或压力等的作用下发生变形，产生相应的应变或位移，然后传递给与之相连的应变片，引起应变片的电阻值变化，通过测量电路，以电量形式输出。输出的电量大小反映被测量的大小。

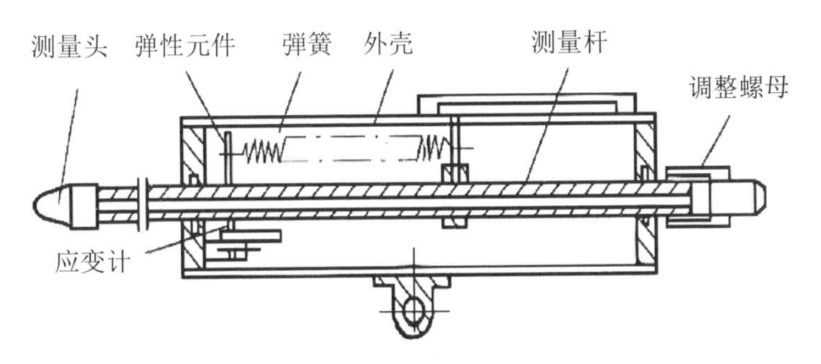

图 2-10　电阻应变式传感器结构示意图

工程中常用的电阻应变式传感器有应变式测力传感器、应变式压力传感器、应变式扭矩传感器、应变式位移传感器、应变式加速度传感器等。电阻应变式传感器的优点是精度高，测量范围广、寿命长，结构简单，频响特性好，能在恶劣条件下工作，易于实现小型化、整体化和品种多样化等。它的缺点是对于大应变有较大的非线性、输出信号较弱，但可采取一定的补偿措施。因此它广泛应用于自动测试和控制技术中。

2.4.4　电涡流式位移传感器

电涡流式位移传感器是非接触相对式位移传感器，大量的应用在大型旋转机械上监测轴的径向振动和轴向振动。图 2-11 所示为电涡流式传感器的原理图。传感器以通有高频交流电流的线圈为主要测量元件，当载流线圈靠近被测导体试件表面时，穿过导体的磁通量随时间变化，在导体表面感应出电涡流。电涡流产生的磁通量又穿过线圈，因此线圈与涡流相当于两个具有互感的线圈。互感的大小和线圈与导体表面的间隙有关。电涡流传感器的特点是：结构简单、灵敏度高、线性度好、频率范围为 0 ~ 10 kHz、抗干扰性强。因此被广泛应用于非接触式振动位移测量。

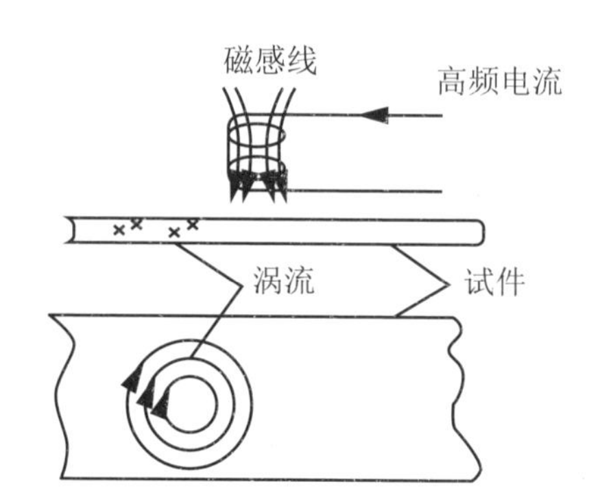

图 2-11　电涡流式位移传感器工作原理图

2.4.5　压电式传感器

压电式传感器的工作原理是压电效应。某些晶体介质受到压力和变形影响时，其表面产生正负电荷，内部有极化现象出现。当压力去掉后，晶体又回到不带电状态，这种现象称为压电效应。常用的压电材料有：石英晶体、压电陶瓷以及压电高分子材料。这种传感器具有极宽的频带（0.0002 ~ 10 kHz），本身质量较小（2 ~ 50 g），有很大的动态范围，因此比较适合于轻型高速旋转机械的轴承座及壳体的振动加速度测量。一般说来，在旋转机械中，振动频率越高，其相应的振动位移的幅值也越小，而其振动加速度幅值仍有一定的量级，此时用速度传感器或涡流式位移传感器显得灵敏度不够，但压电式加速度传感器就比较能适应这种情况下的测量。图 2-12 所示为常用的压电式传感器的结构示意图。

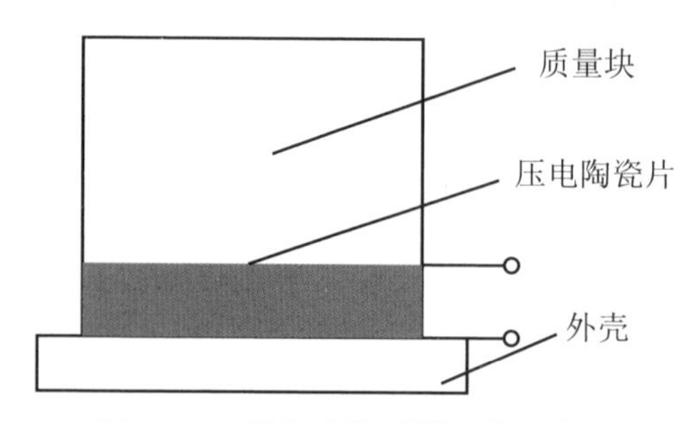

图 2-12　压电式传感器结构示意图

第 3 章　振动性能指标分析与评价

3.1　泵振动测量

GB/T 29531—2013 规定了泵的非旋转部件表面进行的振动测量、测量仪器及泵的振动评价方法。

3.1.1　测量相关参数

1. 振幅

振幅是物体动态运动或振动的幅度，是振动强度和能量水平的标志，也是评判机器运转状态优劣的主要指标。振幅分别采用振动的位移、速度或加速度值加以描述和度量。

（1）位移幅值。

振动位移可以是静态位移，也可以是动态位移，通常我们测试的都是动态位移量。可用简谐振动的运动方程来表示：

$$s = \hat{s}\cos(\omega t + \psi_s) \tag{3-1}$$

式中：s 为位移瞬时值（mm），$\hat{s}$ 为位移幅值（mm），ω 为角速度

（rad/s），t 为时间（s），ψ_s 为初始角（rad）。

（2）速度幅值。

以 v 表示，单位为 mm/s，其有效值代表振动系统的动能。可用以下简谐振动的运动方程式来表示：

$$v = \bar{v}\cos(\omega t + \psi_v) \tag{3-2}$$

式中：v 为速度瞬时值（mm/s），$\bar{v}$ 为速度幅值（mm/s），ψ_v 为初始角（rad）。

（3）加速度幅值。

振动加速度的量值是单峰值，单峰值是正峰或负峰的最大值，以 a 表示，其单位为 mm/s^2，其有效值代表振动系统的功率谱密度。可用下列简谐振动的运动方程式来表示：

$$a = \hat{a}\cos(\omega t + \psi_a) \tag{3-3}$$

式中：a 为加速度瞬时值（mm/s^2），$\hat{a}$ 为加速度幅值（mm/s^2），ψ_α 为初始角（rad）。

2. 振动烈度

振动速度的量值为均方根值，也称为有效值。泵的振动不是单一的简谐振动，而是由一些不同频率的简谐振动复合而成的周期振动或准周期振动。设它的周期为 T，振动速度的时间域函数 V 为

$$V = v(t) \tag{3-4}$$

则它的振动速度的方均根值用式（3-5）计算：

$$V_{\text{rms}} = \sqrt{\frac{1}{T}\int_0^T v^2(t)\,\mathrm{d}t} \tag{3-5}$$

式中：T 为周期（s）。

3. 频率

对于振动的描述，除了采用上述的振幅外，还可以采用频率表示。所谓频率 f 就是单位时间内完成全振动的次数，$f=\omega/(2\pi)$，它是描述振动快慢的物理量，是振动特性的标志。

4. 相位

相位用来描述振动物体在一个周期内所处的不同的运动状态，用三角函数式表示简谐振动方程时，式中的（$\omega_t+\phi_0$）即为相位，ϕ_0 为初始相位。

5. 测量频率范围

为充分覆盖泵的频谱，振动测量应选宽带，其频率范围通常为 10 Hz ~ 1 kHz。

6. 测量值

泵的振动由几个不同频率的简谐振动合成，由频谱分析可知，加速度、速度或位移幅值是角速度 ω 的函数。根据幅值 $\hat{a}_n$、位移幅值 $\hat{s}_n$ 或速度幅值 $\hat{v}_n$（n=1，2，…），它们之间的关系如图 3–1 所示。可由式（3–6）计算出振动速度的方均根值：

$$
\begin{aligned}
V_{\mathrm{rms}} &= \sqrt{\frac{1}{2}\left[\left(\frac{\hat{a}_1}{\hat{\omega}_1}\right)^2+\left(\frac{\hat{a}_2}{\hat{\omega}_2}\right)^2+\ldots+\left(\frac{\hat{a}_n}{\hat{\omega}_n}\right)^2\right]} \\
&= \sqrt{\frac{1}{2}\left[\left(\hat{s}_1\omega_1\right)^2+\left(\hat{s}_2\omega_2\right)^2+\ldots+\left(\hat{s}_n\omega_n\right)^2\right]} \qquad (3\text{–}6) \\
&= \sqrt{\frac{1}{2}\left[\left(\hat{v}_1^2\right)^2+\left(\hat{v}_2^2\right)^2+\ldots+\left(\hat{v}_n^2\right)^2\right]}
\end{aligned}
$$

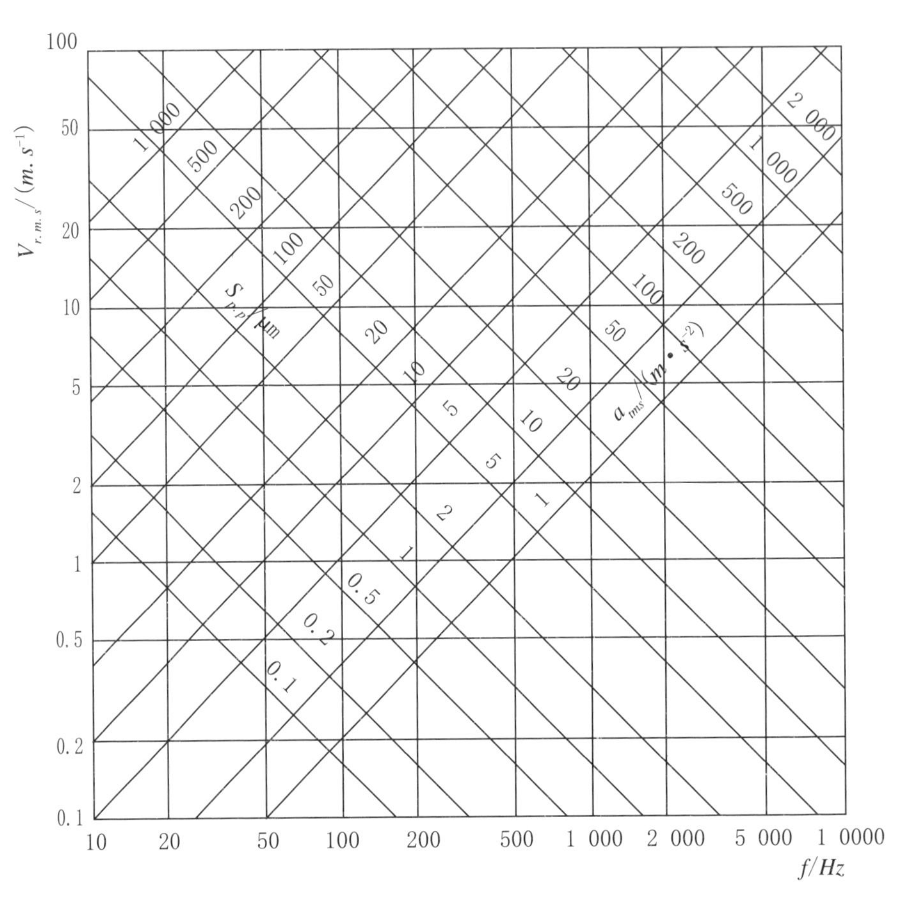

图 3–1　简谐波分量加速度、速度和位移之间的关系

3.1.2　泵的安装与固定

泵分为卧式泵和立式泵，如图 3–2 和图 3–3 所示。

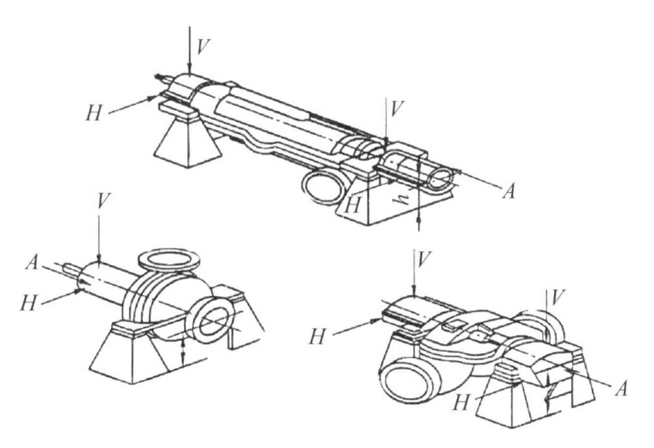

图 3-2　卧式泵

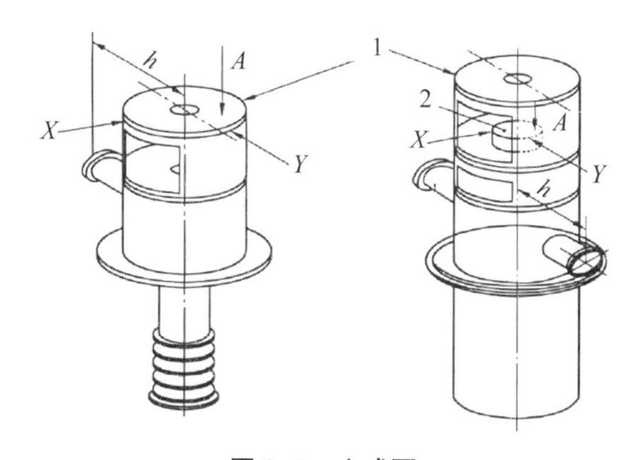

图 3-3　立式泵

1. 泵的振动对泵的安装与固定要求

泵应固定在稳定的结构基础上。验收测试在试验台进行时，试验台应具有与现场测试不同的支承结构特性，支承结构宜影响所测试的振动，应保证任何支承结构特性的试验装置的固有频率，不同于泵的旋转频率或不发生任何明显的谐振。

试验装置应在泵的底座或者靠近轴承支承的底座上，在水平方向和垂直方向测量的振动值，不应超过在该轴承上相同方向测得振动值的 50%。另外，试验装置不应引起任何主要共振频率的实质变化。

在验收测试中存在支承共振且不能被消除时，振动验收测试应在现场完全安装的机器上进行。

正常情况下，产生较高振动值是由于节流阀距离泵太近，引起管路、泵壳和轴承箱的振动。若该值超出振动限值，制造厂应说明较高振动值产生的原因，例如由于节流阀是临时固定或者支承等。

2. 泵现场测试的安装与固定

验收测试在现场进行时，泵的支承结构，应确保泵的所有相关部件安装牢固。泵在实验室做性能试验时安装固定属于临时固定时，一般都用压板压固在地理导轨上，其安装质量不如它在工作现场的安装质量，故允许以在工作现场测得的振动烈度为准。

同一类型的泵，在不同的基础或基础底层上进行振动比较，基础具有相似动态特性时，方为有效。

3.1.3 泵的运行工况

测量时应考虑轴承温度不稳定对测量的影响，不能在汽蚀状态下进行测量。对于降低转速试验的振动测量，不能作为评价的依据。

1. 回转动力泵

回转动力泵（如离心泵、混流泵、轴流泵和旋涡泵）的振动测量，应在泵的规定转速下进行，转速的允许偏差在 ±5% 内。通常测量该泵的工况点为运行的规定工况点，使用的小流量工况点为运行的规定工况点、使用的小流量工况点和使用的大流量工况点三点。对于降低转速试验的振动测量数据，不能作为评价的依据。

2. 水环真空泵

水环真空泵测量振动的工况点，为真空度在 400 hPa 时的工况点。转速的允许偏差在 ±5% 内。

3. 回转式容积泵

回转式容积泵（如螺杆泵、齿轮泵、滑片泵等）的测量工况点，为规定工作压力时的工况点。转速的允许偏差在 ±5% 内。

3.1.4　测量与测量方向

1. 测量方向选择

每个测点都要在三个互相垂直的方向（水平 *H*/*X*、垂直 *V*/*Y*、轴向 *A*）进行振动测量。卧式泵应优先选择水平和垂直方向，也可取轴向。立式或斜式轴布置的泵，测点应选择指向最大挠性并且与其垂直的方向，保证最大读数。

2. 测点确定

泵非旋转的振动测量应在泵的轴承箱（轴承座）或靠近轴承处进行。在每台泵的一处或几处关键部位选为测点，测点应选在振动能量向弹性基础或向系统其他部件传递的地方，通常选在轴承座、底座和出口法兰处（转动部件与固定部件的结合处），并把轴承座处及靠近轴承处的测点称为主要测点，把底座和出口法兰处的测点称为辅助测点。

（1）单级或两级悬臂泵。

主要测点选在悬架（或托架）轴承部位，如图 3–4 所示的 1 号和 2 号位置，3 号为辅助测点。

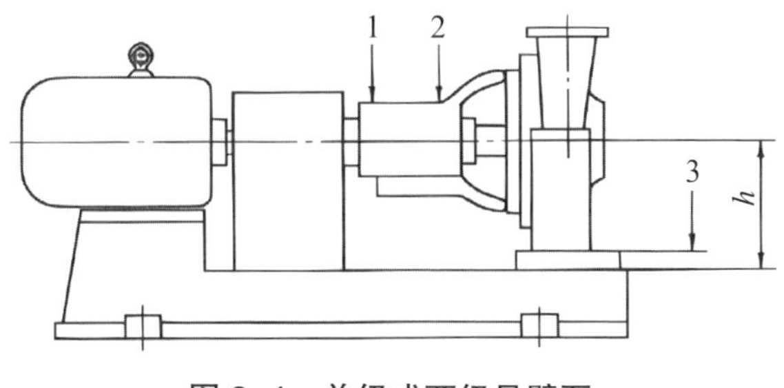

图 3–4　单级或两级悬臂泵

（2）双吸离心泵（包括各种单级、两级两端支承式的离心油泵）。

主要测点选在两端轴承座处，如图 3–5 所示的 1 号和 2 号位置，辅助测点 3 号靠近联轴器的底座处。

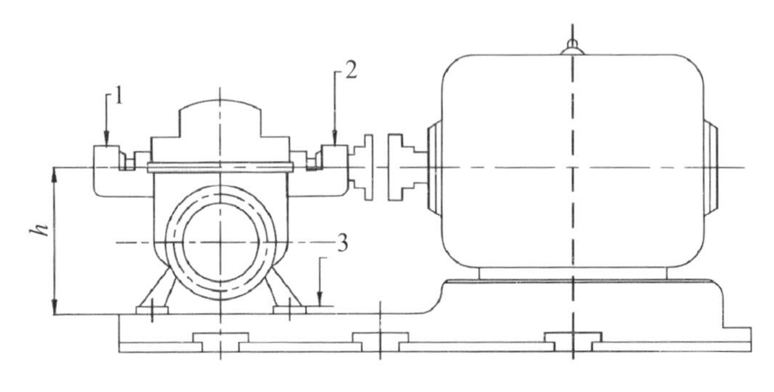

图 3–5 双吸离心泵

（3）卧式多级离心泵。

主要测点在两端轴承座上，如图 3–6 所示的 1 号和 2 号位置，辅助测点 3 号在靠近联轴器的一侧的泵脚上。没有泵脚的泵辅助测点在底座上。

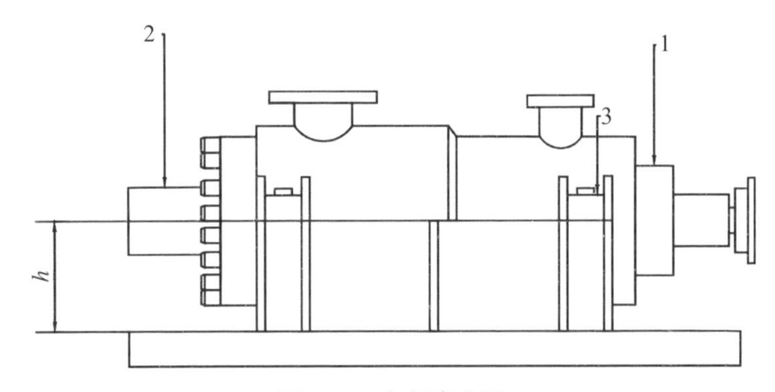

图 3–6 多级离心泵

（4）螺杆泵（卧式）、齿轮泵、滑片泵。

主要测点也在轴承体处，如图 3–7 所示的 1 号和 2 号位置，辅助测点 3 号在不靠近联轴器端的泵脚上。

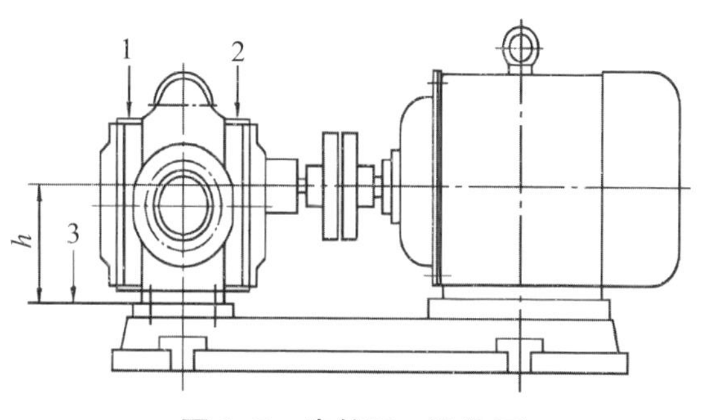

图 3–7　齿轮泵、滑片泵

（5）立式离心泵。

测点分布：

①立式多级泵的主要测点选在泵与支架连接处，如图 3–8（a）所示的 1 号位置，辅助测点 2 号和 3 号分别在泵的出口法兰处和地脚处。

②立式船用离心泵的主要测点也在泵与支架连接处，如图 3–8（b）所示的 1 号位置，辅助测点 2 号和 3 号，分别在泵的出口法兰和支承地脚处。

③立式离心吊泵的主要测点在泵与安装电动机的连接支架的连接处，如图 3–8（c）所示的 1 号位置，辅助测点为 2 号和 3 号，分别在泵出口法兰处和固定吊杆的横梁上。

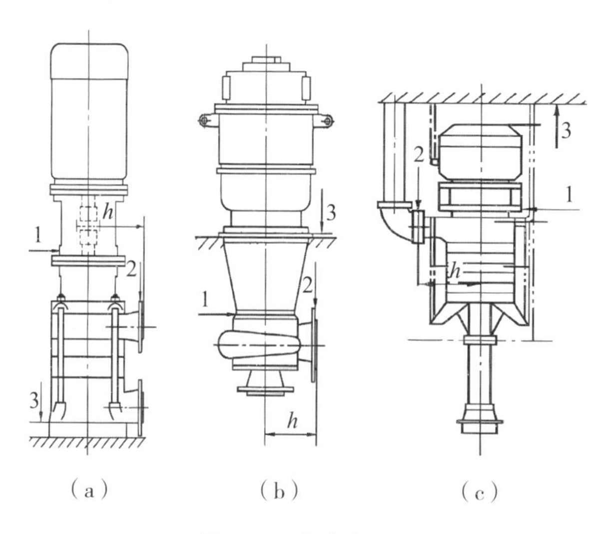

图 3–8　立式离心泵

（6）立式混流泵和立式轴流泵。

测点分布：

①单层基础，主要测点选在泵座与电动机连接处，如图 3–9（a）所示的 1 号位置，辅助测点分别为 2 号和 3 号位置。

②双层基础，主要测点在泵座最高处，如图 3–9（b）所示的 1 号位置，辅助测点为 2 号和 3 号位置。

③泵座与电动机间有连接支架的，主要测点在支架与泵座连接处，如图 3–9（c）所示的 1 号位置。辅助测点为 2 号和 3 号位置。

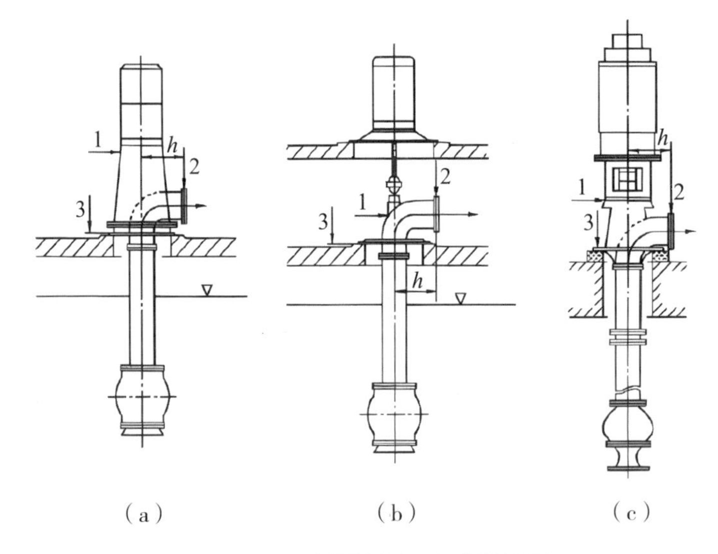

图 3–9　立式混流泵、立式轴流泵

（7）立式双吸泵。

主要测点在两端轴承座处，如图 3–10 所示的 1 号和 2 号位置，辅助测点为 3 号位置。

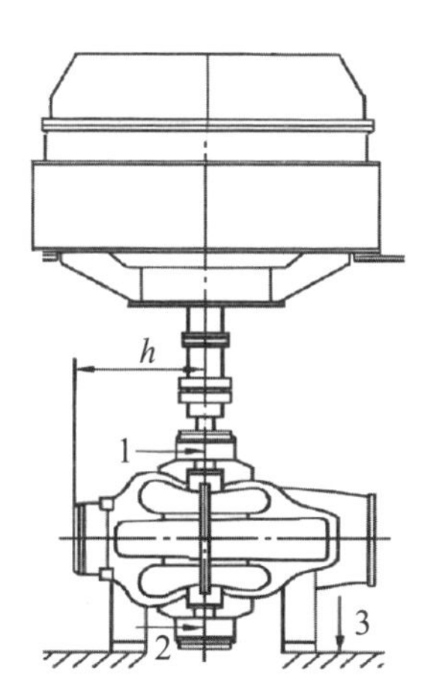

图 3-10　立式双吸泵

（8）长轴深井泵。

主要测点在泵座上端，如图 3-11 所示的 1 号位置，辅助测点为 2 号和 3 号位置。

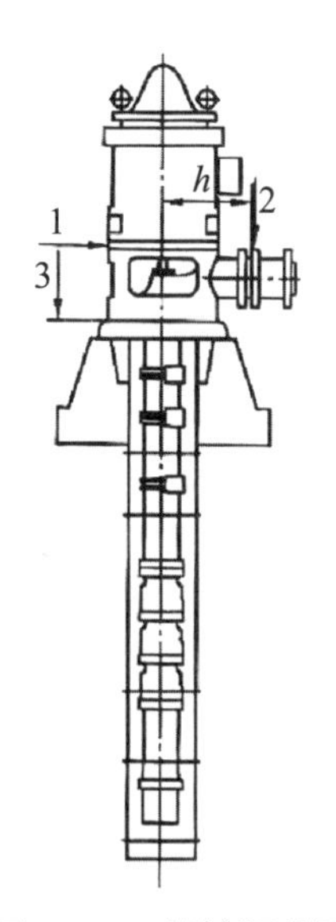

图 3-11　长轴深井泵

（9）立式螺杆泵。

主要测点在泵体与电动机支承座的连接处的下方，如图 3-12 所示的 1 号位置，辅助测点为 2 号和 3 号，分别在泵的出口法兰处和泵底座处。

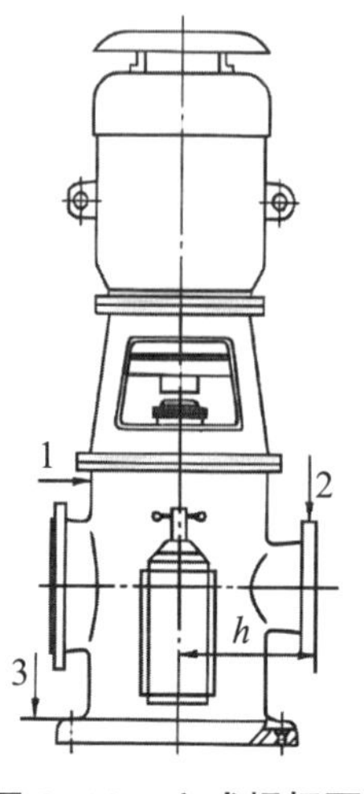

图 3–12　立式螺杆泵

3. 测点及测量方向选择的图例说明

典型泵测点位置的选择如图 3–4 ~ 图 3–12 所示。对未涉及的其他结构类型，可参照这个图例确定其测点位置，其确定原则已在前面说明。

3.2　环境振动评价

振动测量时其周围的环境条件，如温度、磁场、声场、测量点表面粗糙度、电源波动、传感器（拾振头）的方位、传感器（拾振头）的电缆长度等，都会对测量结果产生影响。

所测振动值大于标准规定的范围，并且受到较大背景振动干扰时，应将泵停机进行测量以确定外界影响的程度。如泵静止时所测的振动值超过泵运行时的 25%，应采取措施减少环境振动值。

3.3　测量仪器

测量前，应正确选用和细心地检查振动烈度测量仪器，以确保测量仪器在所要求的频率范围和速度范围内能精确地工作，应使被测的最低振动烈度值的示值至少等于满量程值的 30%，并应当知道在整个测量范围内仪器的精度。而且为充分覆盖泵的频谱，振动测量应选宽带，其频率范围通常为 10 Hz ~ 1 kHz。

所用的振动烈度测量仪器应经过法定（或标定授权）的计量部门标定（或检定）认可。在使用前，对整个测量系统进行校准，保证其精度符合要求。对测量用传感器（拾振头）应当细心地、合理地进行放置，并保证它不会影响泵的振动特性。

测试过程中所使用的仪器、仪表都应经国家认可的计量检定机构检定，取得检定合格证书，并处于检定有效期内。

3.4　振动评价

泵的转轴一般与驱动电机轴直接相连，使得泵的动态性能和电机的动态性能相互干涉；高速旋转部件多，动、静平衡未能满足要求；与流体作用的部件受水流状况影响较大；流体运动本身的复杂性，也是限制泵动态性能稳定性的一个因素。振动是评价水泵机组运行可靠性的一个重要指标。

3.4.1　振动烈度的尺度评价

转速在 600 ~ 12 000 r/min 的范围内（低于 600 r/min 可参照使用），频率范围在 10 Hz ~ 1 kHz 的频段内，速度均方根值相同的振动被认为具有相同的振动烈度，表 3–1 中相邻两档之比为 1 ∶ 1.6，即相差 4 dB。4 dB 之差代表大多数泵振动响应的振动速度有意义的变化。

用泵的振动烈度查表 3–1 振动烈度级范围（10 Hz ~ 1 kHz），确定泵的烈度级。

表 3–1　泵振动烈度值

烈度级	振动烈度的范围 /（mm/s）
0.11	0.07 ~ 0.11
0.18	0.11 ~ 0.18
0.28	0.18 ~ 0.28
0.45	0.28 ~ 0.45
0.71	0.45 ~ 0.71
1.12	0.71 ~ 1.12
1.80	1.12 ~ 1.80
2.80	1.80 ~ 2.80
4.50	2.80 ~ 4.50
7.10	4.50 ~ 7.10
11.20	7.10 ~ 11.20
18.00	11.20 ~ 18.00
28.00	18.00 ~ 28.00
45.00	28.00 ~ 45.00

回转动力泵的运行转速小于 600 r/min 时，非旋转部件振动的有效过滤位移值可按照表 3–2 所示。

表 3–2　有效过滤位移值

振动等级	运动状态	振动位移界限 峰峰值 /μm
A	在优选工作范围内就近启用机器	50
B	允许工作范围内非限制长期运行	80
C	界限运行	130
D	损坏危险	＞130
现场验收试验	优选运行范围	50
	允许运行范围	65
工厂验收试验	优选运行范围	65
	允许运行范围	80
小贴士：对于特殊的泵或特殊的支承和运行条件，以及一些特殊应用的泵的设计和叶轮类型，可以允许不同于表 3–2 给出的或高或低的值。这种情况应当得到制造商与用户的同意。		

3.4.2　泵的分类

由于泵的振动值与泵的中心高和转速有密切的关系，所以要评价泵的振动级别就需要先将泵按中心高和转速分为四类，见表 3–3。

表 3–3　泵的分类

类别	中心高（mm）级转速（r/min）		
	≤ 225 mm	225 ～ 550 mm	> 550 mm
第一类	≤ 1 800 r/min	≤ 1 000 r/min	—
第二类	1 800 ～ 4 500 r/min	1 000 ～ 1 800 r/min	600 ～ 1 500 r/min
第三类	4 500 ～ 12 000 r/min	1 800 ～ 4 500 r/min	1 500 ～ 3 600 r/min
第四类	—	4 500 ～ 12 000 r/min	3 600 ～ 12 000 r/min

卧式泵的中心高规定为由泵的轴线到泵的底座上平面间的距离。

立式泵没有中心高，为了评价振动级别，可将立式泵的出口法兰密封面到泵轴线间的投影距离（如图 3–9 ～图 3–11 所示 h）作为中心高。

3.4.3　评价泵的振动级别

泵的振动级别分别为 A、B、C、D 四级，D 为不合格。

泵的振动级别评价方法先按泵的中心高和转速查表 3–2 确定泵的类别，再按泵振动烈度级和类别查表 3–4 评价泵的振动级别。

杂质泵的振动评价方法，将表 3–2 所确定的泵的类别向后推一类，如将表 3–2 中第一类的泵，用表 3–4 中的第二类评价它的振动级别，以此类推。

表 3–4　评价泵的振动级别

<table>
<tr><th colspan="2">振动烈度范围</th><th colspan="4">评价泵的振动级别</th></tr>
<tr><th>振动烈度级</th><th>振动烈度分级界线 /（mm/s）</th><th>第一类</th><th>第二类</th><th>第三类</th><th>第四类</th></tr>
<tr><td>0.28</td><td>0.28</td><td rowspan="3">A</td><td rowspan="4">A</td><td rowspan="5">A</td><td rowspan="6">A</td></tr>
<tr><td>0.45</td><td>0.45</td></tr>
<tr><td>0.71</td><td>0.71</td></tr>
<tr><td>1.12</td><td>1.12</td><td rowspan="2">B</td></tr>
<tr><td>1.80</td><td>1.80</td><td rowspan="2">B</td></tr>
<tr><td>2.80</td><td>2.80</td><td>C</td><td rowspan="2">B</td></tr>
<tr><td>4.50</td><td>4.50</td><td rowspan="7">D</td><td>C</td><td rowspan="2">B</td></tr>
<tr><td>7.10</td><td>7.10</td><td rowspan="5">D</td><td>C</td></tr>
<tr><td>11.20</td><td>11.20</td><td rowspan="4">D</td><td>C</td></tr>
<tr><td>18.00</td><td>18.00</td><td rowspan="3">D</td></tr>
<tr><td>28.00</td><td>28.00</td></tr>
<tr><td>45.00</td><td></td></tr>
</table>

3.4.4 振动速度与位移幅值的换算

我们通常测量的是振动烈度（也就是振动速度的均方根值），但有时也想知道其位移幅值。这里要说明的是只有单频率的正弦波才能从振动速度的方均根值换算为位移幅值。当已知该频率的振动速度时，可用式（3–7）换算成位移幅值：

$$\hat{s}_f = \frac{v_f}{\omega_f}\sqrt{2} = \frac{v_f}{2\pi f}\sqrt{2} = 0.225\frac{v_f}{f} \tag{3-7}$$

式中：$\hat{s}_f$ 为位移幅值（单峰值）；v_f 为主频率为 f 的振动速度的均方根值；ω_f 为角频率，$\omega_f = 2\pi f$ 。

图 3–13 给出上述关系图，即速度均方根 v_{rms} 与位移幅值 $\hat{s}$ 的换算图。

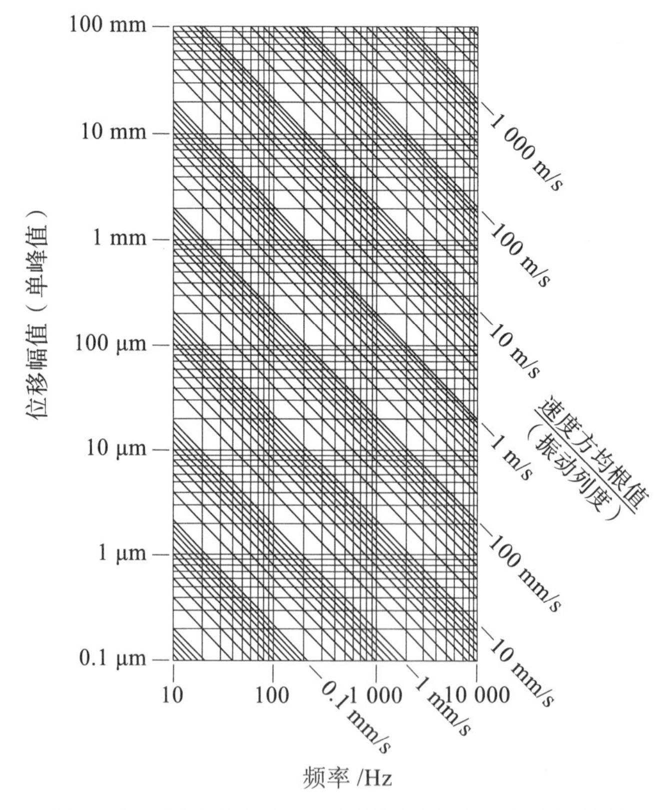

图 3–13　已知频率的振动速度均方根与位移幅值的换算

3.5　泵的振动测试报告内容

报告内容包括：

（1）制造厂家、试验地点和时间。

（2）泵的名称、型号、出厂编号。

（3）测量场所的安装固定条件。

（4）测量仪器仪表的名称、型号、规格、标定单位、标定日期。

（5）测点位置示意图。

（6）不同泵的工况点、不同测点、不同测量方向上振动速度的均方根值。

（7）振动评价级别结论。

（8）振动测试报告。

测试报告模板见表 3–5 所列。

表 3–5　泵振动测试报告

<table>
<tr><td colspan="10">泵的振动测量记录</td></tr>
<tr><td>测点编号</td><td colspan="3">1</td><td colspan="3">2</td><td colspan="3">3</td></tr>
<tr><td>测量方向</td><td>X</td><td>Y</td><td>Z</td><td>X</td><td>Y</td><td>Z</td><td>X</td><td>Y</td><td>Z</td></tr>
<tr><td>检测工况点
流量 m^3/h</td><td colspan="9">振动速度均方根值（mm/s）</td></tr>
<tr><td>大流量</td><td></td><td></td><td></td><td></td><td></td><td></td><td></td><td></td><td></td></tr>
<tr><td>规定流量</td><td></td><td></td><td></td><td></td><td></td><td></td><td></td><td></td><td></td></tr>
<tr><td>小流量</td><td></td><td></td><td></td><td></td><td></td><td></td><td></td><td></td><td></td></tr>
<tr><td>附加说明</td><td></td><td></td><td></td><td></td><td></td><td></td><td></td><td></td><td></td></tr>
<tr><td colspan="10">评价泵的振动级别</td></tr>
<tr><td colspan="10"></td></tr>
<tr><td>转速（r/min）</td><td colspan="2">中心高（mm）</td><td colspan="2">分类</td><td colspan="2">振动烈度级</td><td colspan="3">振动级别</td></tr>
<tr><td></td><td colspan="2"></td><td colspan="2"></td><td colspan="2"></td><td colspan="3"></td></tr>
<tr><td colspan="10">测量中使用的仪器</td></tr>
<tr><td>序号</td><td colspan="2">仪器名称</td><td colspan="2">型号</td><td colspan="2">检定单位</td><td colspan="3">检定日期</td></tr>
<tr><td></td><td colspan="2"></td><td colspan="2"></td><td colspan="2"></td><td colspan="3"></td></tr>
<tr><td></td><td colspan="2"></td><td colspan="2"></td><td colspan="2"></td><td colspan="3"></td></tr>
<tr><td></td><td colspan="2"></td><td colspan="2"></td><td colspan="2"></td><td colspan="3"></td></tr>
</table>

测点位置示意图如图 3–14 所示。

应选在振动能量向弹性基础或系统其他部件传递的地方，通常选在轴承座、底座和出口法兰处。轴承座为主要测点，底座和出口法兰为辅助测点。

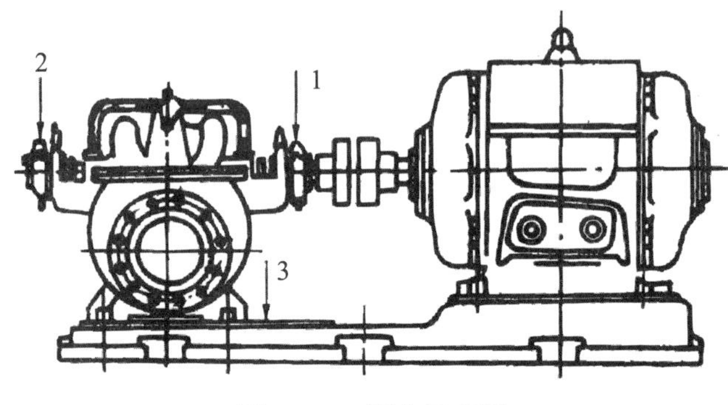

图 3–14 测点示意图

第4章　离心泵振动信号的分析与处理

目前，频谱分析是压力脉动分析的最主要手段。通过对时域脉动波形的频谱分析，有可能掌握离心泵压力脉动产生的根源，为解决其运行稳定性提供可靠的试验分析信息。普遍采用快速傅里叶变换（FFT）将信号从时域转变为频域。在FFT变换过程中，主要涉及分析数据截取、窗函数选择、幅值修正等关键问题。互相关和自相关函数分析可检测信号之间的时间延迟或者相位差，提取合成信号中的周期信号。相干函数可以用来考察输入信号与输出信号的线性程度。下面给出宽带频率、傅里叶变换和相干性分析的定义，结合实际压力脉动信号进行频域评价。

4.1　时频域特征提取

反映自动机故障状态信息的振动信号在箱体表面相互叠加，而故障状态的变化会对振动信号的时域波形和频率成分产生一定程度的影响，因此振动信号的时域和频域参数也包含了一定的故障信息。结合采取的振动信号的特点，选取能够较为敏感地反映状态信息的时频参数，作为特征集的重要组成部分，能够更加全面地提取信号特征。

机械设备发生故障时，振动信号的幅值及频率成分会随着故障的产生而发生变化，通过从信号的时域波形和频谱中提取的相关特征参数可以反映自动机的故障信息。本节主要从众多的时域和频域统计特征中选择 8 个时域特征和 4 个频域特征进行介绍，分别用 $t_1 \sim t_{12}$ 表示。

4.1.1　时域特征

时域信号的形式较为直观，且其相关参数易于获取、计算简单，可用于故障诊断的初步分析。假设有振动信号序列 x_i，i=1，2，…，N，N 为振动序列的样本点数，几个常用时域特征参数的计算公式如下：

（1）峰值

$$t_1 = \max|x_i| \tag{4-1}$$

（2）均值

$$t_2 = \sum_{i=1}^{N} \frac{x_i}{N} \tag{4-2}$$

（3）均方根值

$$t_3 = \sqrt{\sum_{i=1}^{N} \frac{x_i^2}{N}} \tag{4-3}$$

（4）峭度指标

$$t_4 = \frac{1}{N} \sum_{i=1}^{N} \frac{(x_i - \bar{x})^4}{t_3^4} \tag{4-4}$$

（5）裕度指标

$$t_5 = \frac{t_1}{(\frac{1}{N}\sum_{i=1}^{N}\sqrt{|x_i|^2})} \tag{4-5}$$

（6）波形指标

$$t_6 = \frac{t_3}{(\frac{1}{N}\sum_{i=1}^{N}|x_1|)} \tag{4-6}$$

（7）脉冲指标

$$t_7 = \frac{t_1}{(\frac{1}{N}\sum_{i=1}^{N}|x_i|)} \tag{4-7}$$

（8）峰值指标

$$t_8 = \frac{t_5}{t_1} \tag{4-8}$$

下面是对所提到的各个指标的简要介绍。

（1）峰值（peak）：峰值表示信号在某个时间段内的最大值。它是用来描述信号的最大幅度的指标。

（2）均值（mean）：均值是信号在给定时间段内的总体平均水平。它是信号各个采样点值的总和除以采样点数。均值可以提供信号的集中趋势信息。

（3）均方根值（root mean square，RMS）：均方根值是信号在给定时间段内各个采样点值的平方和的平均值的平方根。它提供了信号的有效幅度。均方根值常用于表示信号的功率或能量。

（4）峭度指标（kurtosis）：峭度指标衡量了信号概率密度函数的尖锐程度。它描述了信号峰值附近数据点的分布情况，以及信号尾部的厚度。正峭度表示信号具有较尖锐的峰值，而负峭度表示信号具有较平坦的分布。

（5）裕度指标（crest factor）：裕度指标是峰值与均方根值的比率。它表示了信号峰值与均方根值之间的差异程度。

（6）波形指标（shape factor）：波形指标是信号的均方根值与绝对平均值（即均值的绝对值）之比。它用于描述信号波形的对称性和形状。具有对称波形的信号将具有较接近于 1 的波形指标。

（7）脉冲指标（pulse indicator）：脉冲指标用于描述信号中单个脉冲或突发事件的特征。它通常涉及信号的上升时间、下降时间、持续时间和峰值幅度等参数。

（8）峰值指标（peak indicator）：峰值指标通常用于描述信号的极大值。它可以提供信号的最大值以及在何时发生等信息。

这些指标提供了对时域信号不同方面的描述和量化。它们在信号处理、通信、工程和科学研究中扮演重要角色，用于分析信号特征、识别模式和优化系统设计。

4.1.2 频域特征

假设 f 为振动信号序列 x 的频谱，$j=1, 2, \cdots, K$，K 为谱线数，f_j 是第 j 条谱线的频率值，其对应的频率幅值为 x_j。则所选 4 个频域特征参数的计算公式如下。

（1）平均频率。

$$t_9=\sum_{j=1}^{K}\frac{f_j}{K} \tag{4-9}$$

（2）中心频率。

$$t_{10}=\frac{\sum_{j=1}^{K}(f_j X_j)}{\sum_{j=1}^{K}X_j} \tag{4-10}$$

（3）均方根频率。

$$t_{11}=\sqrt{\frac{\sum_{j=1}^{K}(f_j^2 X_j)}{\sum_{j=1}^{K}X_j}} \tag{4-11}$$

（4）标准差频率。

$$t_{12}=\frac{\sum_{j=1}^{N}\left[(f_j-t_{10})^2X_j\right]}{\sum_{j=1}^{N}X_j} \tag{4-12}$$

平均频率和中心频率在机械系统中，不同故障模式（如轴承故障、齿轮故障）会引起特定频率的振动或声音。通过计算信号的平均频率和中心频率，可以识别出主要故障频率，进而判断故障的类型和位置。均方根频率可以用来评估机械系统的频率特征随时间的变化。当机械部件出现故障或损伤时，其振动或声音信号的能量分布可能发生变化，导致均方根频率的改变。通过监测和分析均方根频率的变化，可以及时发现机械故障迹象。标准差频率可以提供机械系统频率成分的分散度信息。当机械系统存在不稳定性或故障时，频率成分的分布可能变得更广或更窄。通过监测标准差频率的变化，可以检测到机械系统的异常情况，如轴承失效或齿轮间隙的变化。

4.1.3　相干性分析

相干性分析是一种用于研究两个信号之间相关性的方法。它可以帮助我们了解信号之间的相互关系，特别是在频域上。相干性分析广泛应用于信号处理、通信、振动分析、生物医学等领域。它的基本原理是通过计算两个信号在频域上的相干函数来衡量它们之间的相干程度。

信号 $x(t)$ 和 $y(t)$ 的互相关函数，计算公式如下：

$$R_{xy}(\tau)=\frac{1}{T}\int_{0}^{T}x(t)y(t+\tau)\mathrm{d}t \tag{4-13}$$

当 $y(t)=x(t)$ 时，便成为自相关函数，公式如下：

$$R_{xx}(\tau)=\frac{1}{T}\int_{0}^{T}x(t)x(t+\tau)\mathrm{d}t \tag{4-14}$$

互相关或自相关函数经傅里叶变换后即为互相关谱密度函数或自相关谱密度函数，记为$S_{xy}(f)$或$S_{xx}(f)$。据此，引入相干性函数，公式如下：

$$\gamma^2(f)=\frac{|S_{xy}(f)|^2}{S_{xx}(f)\cdot S_{yy}(f)} \tag{4-15}$$

相干性函数值为0～1。一般来说，两个测试信号的相干性函数值总是小于1，说明系统中总存在外来的噪声或其他不相关的输入。

4.2　频域分析方法

振动信号经傅里叶变换到频域描述，将会获得更多的信息。时域分析是以时间轴为坐标表示各种物理量的动态信号波形随时间的变化关系的。而频谱分析是通过傅里叶变换把动态信号变换为以频率轴为坐标表示出来的。时域表示较为形象和直观，频域表示则更为简练，剖析问题更加深刻和方便。

4.2.1　傅里叶变换

傅里叶变换是一种数学工具，用于将一个信号从时域（时间域）转换为频域（频率域）。它将一个复杂的信号分解为一系列简单的正弦和余弦波组成的频谱，以揭示信号中不同频率成分的存在。

连续信号$x(t)$的傅里叶变换公式如下：

$$X(f)=\int_{-\infty}^{\infty}x(t)\mathrm{e}^{-i2\pi ft}\mathrm{d}t\ ,\quad -\infty<f<\infty \tag{4-16}$$

有限时长信号$x(t)$的傅里叶变换公式如下：

$$X(f,T)=\int_{0}^{T}x(t)\mathrm{e}^{-i2\pi ft}\mathrm{d}t \tag{4-17}$$

离散信号 x_n 的傅里叶变换公式如下：

$$X(f,T)=\Delta t\sum_{n=0}^{N-1}x_n\mathrm{e}^{-i2\pi fn\Delta t} \tag{4-18}$$

截取时域信号进行 FFT 变换时，由于截断会造成信号的泄漏。一般采用窗函数的办法来减小这种信号泄露现象。常用的窗函数有：矩形窗、指数窗、汉宁窗、汉明窗、Kaiser-base 窗等，不同的窗函数有不同的效果，可以不同程度地提高主频处的幅值精度。本章采用 IEC 规程推荐的汉宁窗，其计算过公式如下：

$$w(t)=\frac{1}{2}\left[1-\cos\left(\frac{2\pi t}{T}\right)\right]\ 0\leqslant t\leqslant T \tag{4-19}$$

采用汉宁窗相当于压缩了截取信号起点和终点段，降低了原始信号的幅值水平。采用统计学方法修正 FFT 变换后幅值，汉宁窗的幅值修正系数为 $\sqrt{8/3}$。

4.2.2　离散傅里叶变换与快速傅里叶变换

1. 离散傅里叶变换

用计算机进行处理的数据是有限个数值和符号，离散傅里叶变换是对有限个数据进行傅里叶变换，在信号处理中极其重要。

对于在离散时间区间内的数据 $x[n](0\leqslant n\leqslant N)$ 的傅里叶变换 $X[k]$ 可以定义为

$$x[k]=\mathrm{DFT}\{x[n]\}=\sum_{k=0}^{N-1}x[n]\mathrm{e}^{-j\frac{2\pi}{N}kn} \tag{4-20}$$

式中：$\frac{2\pi k}{N}$ 表示离散频率；k 为离散频率点的序号；DFT 的值 $x[k]$ 对频率是周期性的，且周期为 N。当给定 DFT 的值 $x[k]$ 时，对应的信号 $x[n]$ 可由逆变换（IDFT）给出，即

$$x[n]=\text{IDFT}\{X[k]\}=\frac{1}{N}\sum_{k=0}^{N-1}X[k]\mathrm{e}^{j\frac{2\pi}{N}kn} \tag{4-21}$$

由 $X[k]$ 的 IDFT 给出的信号 $x[n]$ 对于时间是周期性的，且周期为 N。

DFT 是对有限长的数据序列定义的，但利用 DFT 和 IDFT 的变换表示的数据系列 $x[n]$ 和 $X[k]$ 是周期性的。DFT 具有如下的一些性质。

（1）线性。

$$\text{DFT}\{ax[n]+by[n]\}=aX[k]+bY[k] \tag{4-22}$$

（2）延迟

$$\text{DFT}\{x[n-m]\}=\mathrm{e}^{-j\frac{2\pi}{N}km}X[k] \tag{4-23}$$

（3）复共轭

$$\text{DFT}\{x^*[n]\}=X^*[-k] \tag{4-24}$$

（4）偶函数与奇函数

$$\text{DFT}\left\{\frac{x[n]+x[-n]}{2}\right\}=R(X[k]) \tag{4-25}$$

（5）实数值函数

$$\text{DFT}\{x^*[n]\}=\text{DFT}\{x[n]\}=X^*[-k]=X[k] \tag{4-26}$$

2. 快速傅里叶变换

快速傅里叶变换是有效而快速地进行 DFT 计算的算法。将 DFT 的定义式中的 $\mathrm{e}^{-j\frac{2\pi}{N}}$ 简化为

$$W_N=\mathrm{e}^{-j\frac{2\pi}{N}} \tag{4-27}$$

则式（4–20）可改写为

$$X[k]=\text{DFT}\{x[n]\}=\sum_{n=0}^{N-1}x[n]W_n^{kn} \tag{4-28}$$

当数据序列 $x[n]=(n=0,\ 1,\ 2,\ \cdots,\ N-1)$ 的长度可用 2 整除时，则由偶数序号子样得到长度为 $\frac{N}{2}$ 的系列与由奇数序号子样得到的长度为 $\frac{N}{2}$ 的系列的 DFT 分别为

$$X_E[k]=\sum_{n=0}^{\frac{N}{2}-1}x[2m]W_{\frac{N}{2}}^{km} \tag{4-29}$$

$$X_O[k]=\sum_{n=0}^{\frac{N}{2}-1}x[2m+1]W_{\frac{N}{2}}^{km}=\sum_{n=0}^{\frac{N}{2}-1}x[2m+1]W_{\frac{N}{2}}^{2km} \tag{4-30}$$

式中，$W_{\frac{N}{2}}$ 可表示为

$$W_{\frac{N}{2}}=\mathrm{e}^{-j\frac{4\pi}{N}} \tag{4-31}$$

而后，原数字系列 $x[n]$ 的 DFT 的值 $x[k]$ 可表示为

$$X[k]=\sum_{m=0}^{\frac{N}{2}-1}x[2m]W_N^{2km}=\sum_{m=0}^{\frac{N}{2}-1}x[2m+1]W_N^{2km}=X_E[k]+W_N^kX_0[k] \tag{4-32}$$

在 $N=8$ 的情况下，若将此关系表示为图形方式，则如图 4–1 所示。在此图中，箭头（矢量）表示信号传播的方向，用它乘以常数可表示相似矢量，并在矢量相对的节点处进行加法运算。在 1 乘以信号的情况下或只传播信号时，只画矢量就行了。

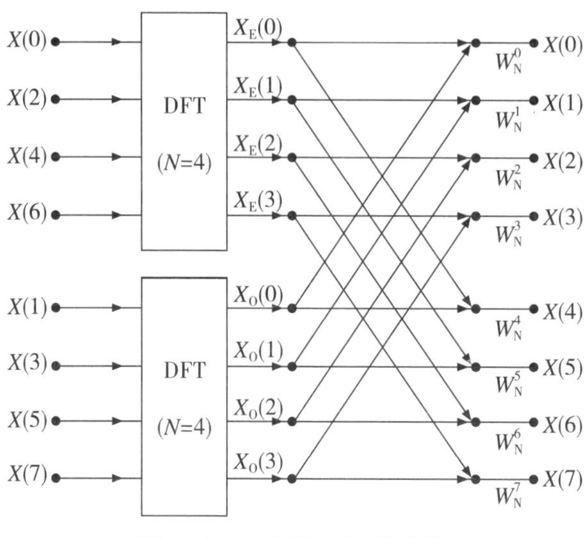

图 4-1 N=8 的 DFT 的分解

当数据系列为 2 的幂指数 2^M 时，可多次重复进行将尺度为 N 的 DFT 分解成尺度为 $\frac{N}{2}$ 的 DFT。像这样将离散的傅里叶变换分解为数据长度短的傅里叶变换而高效地进行计算的方法称为快速傅里叶变换。

4.2.3 功率谱

由中心极限定理：大量相互独立的随机变量，其平均值正态分布。可知平稳随机信号是趋于正态分布的，所以可以用统计学上特征量来描述随机信号。平稳随机信号的数学期望基本为零，数学期望为 0 时，方差等于均方值，也就是平均功率。为了描述平均功率，需要使用频谱分析。对于一个随机信号而言，时域信息是杂乱无章的，唯一的确定性信息是在统计意义下得到的，即幅值呈正态分布，均方值也就是平均功率是固定的。

根据帕塞瓦尔定理，信号在时域的总功率等于在频域的总功率，所以只需要对时域信号进行傅里叶变换即可转换到频域，得到频域分布，只需要将频域分布平方积分就可以得到功率谱密度（PSD）。但是因为时域的信号是随机的，无法用数学表达式描述，随机信号不满足傅里叶变换绝对值可和的条件，严格意义以傅里叶变换不存在也就无法通过傅里叶变换将时域转成频域。傅里叶理论认为任何复杂的波形都可以分解成不同正弦波，而不同的正弦波也能叠加成复杂波形。

为了解决这个问题，引入自相关函数，它反映了随机信号本身在不同时刻的相互关系，再直白一点：把一个信号平移一段距离，跟原来有多相似。自相关函数将信号的蕴含的周期信号识别出来，并将相位信息去掉（相位不影响平均功率）。维纳－辛钦定理：功率谱密度函数与自相关是傅里叶变换对。即一个信号的功率密度谱，就是其自相关函数的傅里叶变换。

总结：随机信号的幅值是满足正态分布的，用它的自相关函数求均方值即得到功率谱密度（PSD），一个随机的信号（随机振动）用 PSD 来描述其特征。

对随机信号的功率谱密度进行分析，首先必须对其功率谱密度进行估计。所谓功率谱密度估计问题，就是要根据随机序列的有限观察值 $x_n(n=0,1,\cdots,N-1)$ 来估计功率谱密度函数，简称功率谱，记为 G_k。

常用的功率谱估计方法有两种：一种是对原始数据直接进行快速傅里叶变换得到的，另一种是通过对相关函数做傅里叶变换得到的。下面介绍利用原始数据估计功率谱的方法。

1. 计算原理

设随机过程样本记录 $x(t)$ 的自相关函数为 $Rx(\tau)$，则双边自谱密度函数为

$$S_x(\omega)=\frac{1}{2\pi}\int_{-\infty}^{+\infty}R_x(\tau)\mathrm{e}^{-j\omega\tau}\mathrm{d}\tau \tag{4-33}$$

在工程中，因 $\omega\geqslant 0$，故常采用单边功率谱，即在正频率范围内

$$G_x(\omega)=2S_x(\omega)=\frac{1}{\pi}\int_{-\infty}^{+\infty}R_x(\tau)\mathrm{e}^{-j\omega\tau}\mathrm{d}\tau=\frac{1}{\pi}\int_{-\infty}^{+\infty}\left[\frac{1}{T}\int_0^T x(t)x(t+\tau)\mathrm{d}t\right]\mathrm{e}^{-j\omega\tau}\mathrm{d}\tau$$

$$=\frac{1}{\pi T}\int_{-\infty}^{+\infty}\int_0^T x(t)\mathrm{e}^{-j\omega\tau}\mathrm{d}t\tau(t+\tau)\mathrm{e}^{-j\omega(t+\tau)}\mathrm{d}(t+\tau)$$

$$=\frac{1}{\pi T}\int_0^T x(t)\mathrm{e}^{j\omega\tau}\mathrm{d}t\int_{-\infty}^{+\infty}x(t+\tau)\mathrm{e}^{-j\omega(t+\tau)}\mathrm{d}(t+\tau)$$

而 $t+\tau<0$ 时，$x(t+\tau)=0$，故

$$G_x(\omega)=\frac{1}{\pi T}\int_0^T x(t)\mathrm{e}^{j\omega\tau}\mathrm{d}t\int_{-\infty}^{+\infty}x(t+\tau)\mathrm{e}^{-j\omega(t+\tau)}\mathrm{d}(t+\tau) \tag{4-34}$$

若在第二个积分中将积分变量 $(t+\tau)$ 换成 t，频率用Hz作单位，即采用 $f=\frac{\omega}{2\pi}$，考虑到 $G_x(f)=2\pi G_x(\omega)$，则

$$G_x(f)=\frac{2}{T}\int_0^T x(t)\mathrm{e}^{j2\pi ft}\mathrm{d}t\int_0^{+\infty}x(t)\mathrm{e}^{-j2\pi ft}\mathrm{d}t \tag{4-35}$$

设 $x(t)$ 采样点数为 N，采样间隔为 Δ，则样本长度为 $T=N\Delta$，作FFT时的离散频率取为

$$f_k=kf_0=k\frac{1}{T}-\frac{k}{N\Delta},\ k=0,\ 1,\ \cdots,\ N-1 \tag{4-36}$$

$G_x(f)$ 的离散值 G_x 定为 $G_x(f)$ 在离散频率 f_k 上的值：

$$G_k=\frac{G_x(f)}{f}=f_k,\ k=0,\ 1,\ \cdots,\ N-1 \tag{4-37}$$

将式（4-35）中的积分变成求和，则

$$G_k=\frac{2}{N\Delta}\left[\sum_{n=0}^{k-1}X_n\mathrm{e}^{j\frac{2\pi kn\Delta}{N\Delta}}\Delta\right]\left[\sum_{n=0}^{N-1}X_n\mathrm{e}^{j\frac{2\pi kn\Delta}{N\Delta}}\Delta\right]$$

$$=\frac{2\Delta}{N}\sum_{n=0}^{N-1}x_n\mathrm{e}^{j\frac{2\pi kn}{N}}\sum_{n=0}^{N-1}x_n\mathrm{e}^{-j\frac{2\pi kn}{N}}$$

$$X_k=\sum_{n=0}^{N-1}x_n\mathrm{e}^{-j\frac{2\pi kn}{N}} \tag{4-38}$$

$$X_k^* = \sum_{n=0}^{N-1} x_n e^{j\frac{2\pi kn}{N}} \quad (4\text{–}39)$$

从而

$$G_k = \frac{2\Delta}{N} X_k * X_K^* = \frac{2\Delta}{N}|X_k|^2,\ k = 0,\ 1,\ \cdots,\ N-1 \quad (4\text{–}40)$$

式中，X_k^* 为 X_k 的复数共轭。按式（4–33）计算 G_k 时，k 值的范围是 $k=0,\ 1,\ \cdots,\ N-1$。但实际上只有 $k=0,\ 1,\ \cdots,\ \frac{N}{2}-1$ 时，G_k 值是独立的，因为式（4–31）的 N 个 X_k 中，只有 $\frac{N}{2}$ 个是独立的。即若时域采样 $N=1024$ 时，有效谱线数为 512。但为了作 IFFT 的需要，与式（4–38）一样，以后仍规定 G_k 中 $k=0,\ 1,\ \cdots,\ N-1$。

2. 泄漏处理

用上述方法计算功率谱密度函数时，由于对时域函数 $x(t)$ 作 FFT，要截断时域函数从而产生泄漏误差。因此，求 G_k 时也要进行加窗处理。对原始数据 $x(t)$ 乘时窗函数 $\omega(t)$，等于对原始数据进行不等加权修改，结果会使计算出来的功率谱密度函数 $G_x(\omega)$ 的值减小，因此需对最后结果乘以系数 k_0 进行修正。

3. 功率谱密度的估计误差

（1）卡埃二次方变量的特性。

功率谱密度函数 $G_x(f)$ 服从什么概率分布呢？根据单边功率谱 $G_x(f)$ 的离散值 $G_x=\frac{2\Delta}{N}|X_k|^2$（$k$=0，1，⋯，$N$–1）可得，$G_x(f)$ 与 X_k 的实部二次方与虚部二次方之和成正比，所以 $G_x(f)$ 是服从卡埃二次方分布的随机变量。

卡埃二次方分布函数的意义是：若 Z_1，Z_2，⋯，Z_n 为 n 个独立的、均值为零、方差为 1 的正态随机变量，则新的随机变量：

$$\chi_n^2 = Z_1^2 + Z_2^2 + \cdots + Z_N^2 \tag{4-41}$$

是自由度为 n 的 χ^2 变量，并具有均值 μ_{x^2} =n，方差 $\sigma_{x^2}^2$ =$2n$，因而有标准化随机误差 ε：

$$\varepsilon = \frac{\sigma_{x^2}}{\mu_{x^2}} = \sqrt{\frac{2}{n}} \tag{4-42}$$

（2）单样本功率谱估计的误差。

前面已经指出，$G_x(f)$ 与 X_k 的实部二次方与虚部二次方之和成正比。可见它服从自由度为 2 的 χ^2 分布，且

$$\mu_G = \mu_{\chi_2^2} = 2$$

$$\sigma_G^2 = \sigma_{\chi_2^2} = 4$$

所以，$G_x(f)$ 的标准化随机误差为

$$\varepsilon = \frac{\sigma_G}{\mu_G} = \frac{\sqrt{4}}{2} = 1$$

这说明单样本功率谱估计的随机误差达到 100%，这个误差已大到不能容许的程度。为了减小这个误差，必须进行平滑处理。

（3）减少功率谱估计误差的平滑方法。

可以采用两种平滑方法来减小功率谱的估计误差。

①频率平滑。

取 l 个邻近频率分量的原始功率谱估计的平均值，得平滑后的功率谱估计：

$$G_{k(l)} = \frac{1}{l}\left[G_k + G_{k+1} + \cdots + G_{k+l-1}\right] \tag{4-43}$$

由于 G_k 服从自由度 n=2 的 χ_2^2 分布，而对于接近白噪声的宽带频谱，频率间隔为 $1/T$ 的估计相互之间基本上是不相关的，即 G_k 与 G_{k+1} 是相互独立的，根据卡埃二次方分布函数的定义，$G_{k(l)}$ 应为 $n = 2l$ 自由度的卡埃二

次方分布。于是，随机误差为

$$\varepsilon = \frac{\sigma_G}{\mu_G} = \frac{G_{x^2}}{\mu_{x^2}} = \sqrt{\frac{2}{2l}} = \sqrt{\frac{1}{l}} \tag{4-44}$$

频率平滑以后随机误差是平滑前的$1/2l$倍，减小了很多。

值得注意的是，经平滑处理之后，其有效分辨带宽也由原来的$B_e = \Delta f_e = 1/T$变为$B_e^* = 1/T = l\Delta f_e = lB_e$。

平滑功率谱估计$G_{k(l)}$可以作为频率区间$(f_k，f_{k+l-1})$中点上的值，所以l应取奇数。这样就得到总数为N/l个这种功率谱估计。虽然l取得越大，随机误差降得越多，但是过大后分辨力降低太多。

②分段平滑。

将时域记录$x(t)$的记录长度T平分成q段，每段记录长度$T_e = T/q$。对每一段求功率谱。设$G_{k \cdot q}$是第q段的频率处的原始功率谱估计，则分段平滑功率谱估计为

$$G_k = \frac{1}{q}\left(G_{k \cdot 1} + G_{k \cdot 2} + \cdots + G_{k \cdot q}\right) \tag{4-45}$$

是自由度为 2 的x^2分布的随机变量。经过分段平滑以后的随机误差为

$$\varepsilon = \sqrt{\frac{2}{2q}} = \sqrt{\frac{1}{q}} \tag{4-46}$$

而有效分辨带宽约为

$$B_e^* = \frac{1}{T_e} = \frac{q}{T} = q\Delta f_c = qB_c \tag{4-47}$$

显然分辨能力也下降了。

与频率平滑一样，G_k可作为谱窗频率中点上的估计值，可以得到总数为N/q个估计。为了同时应用 FFT 的分段平滑，最好总采样容量为$N = q \cdot 2^M$，这样每个时间段长度为2^M，q则不必是 2 的幂。如果需要加零点，则每段上增加的零的个数应该相等。

（4）加零的影响。

在对原始信号作 FFT 时，根据各种原则确定的样本容量 N_0，一般不是 2 的整数幂，因此，需要在数据的后边增加一些零值点（如增加 N_x 个零点）使得

$$N_0 + N_x = 2^M = N \tag{4-48}$$

式中，M 是正整数。增加零点，会对计算带来如下影响。

①样本长度增大到 $\frac{N_0 + N_x}{N_0} = \frac{N}{N_0}$，即

$$T = \frac{N_0 + N_x}{N_0} T_0 \tag{4-49}$$

式中，T_0 为未加零的样本长度。由于增加了 N_x 个零点，将使 G_k 在每个频率分量上的谱估计值受到影响。为消除这一影响，应对 G_k 乘以修正系数 N/N_0。

②增大数据处理的空间和时间。

③作 DFT 后，谱线数目增加，频率分辨力提高。但总的分析带宽及随机误差并未改变。

（5）功率谱密度分析的基本步骤及参数选择。

为了保证谱密度分析的精度及可靠性，在对随机信号作功率谱密度分析时，应遵守以下原则。

①估计要分析信号中需要的频率范围和频率上限 f_c。如有必要先对信号进行抗混滤波，去掉高于 f_c 的频率成分。

②决定分析要求的频率分辨率或分析带宽 $B_e = \Delta f_e$。

③选定采样间隔 Δ，使采样频率 $f_s \geqslant 2f_c$，即 $\Delta \leqslant \frac{1}{2f_c}$。

④按频率分辨率 Δf_e，决定单个分析长度 T_e，即 $T_e = \frac{1}{\Delta f_e}$。

⑤对原始数据作适当的窗处理。

⑥按 $N_0=\dfrac{T_e}{\Delta}$ 确定单个分析长度 T_e 内的样本容量（或采点数）N_0。并用补零法将 N_0 圆整为 $N_0+N_x=2^M=N$（M 为正整数）。

⑦决定分析要求的精度 $\dfrac{\sigma_G}{\mu_G}=\varepsilon$，一般取 20% ~ 25%。

⑧根据分析的精度决定平滑处理所需要的分析段数（这里以分段平滑为例），因为 $\varepsilon=\sqrt{\dfrac{1}{q}}$，所以 $q=\dfrac{1}{\varepsilon^2}$，当 $\varepsilon=\dfrac{1}{5}\sim\dfrac{1}{4}$ 时，$q=25\sim16$ 段。

⑨按 $T_{\min}=qT_e$，确定能满足以上各种条件要求的最小记录长度 $T_{\min}$（一般为给分析留有余地，实际记录长度均应大于 $T_{\min}$）。

⑩用直接进行 FFT 的算法计算单边功率谱离散值 G_k，有

$$G_k=\frac{2\Delta}{N}\left|X_k\right|^2,\ k=0,\ 1,\ \cdots,\ N-1 \tag{4-50}$$

⑪对 G_k 作窗修正，得

$$G_k'=\frac{2\Delta K_0}{N}\left|X_k\right|^2,\ k=0,\ 1,\ \cdots,\ N-1 \tag{4-51}$$

⑫对 G_k' 作补零修正，得

$$G_k''=\frac{2\Delta K_0}{N}\frac{N}{N_0}\left|X_k\right|^2=\frac{2\Delta K_0}{N_0}\left|X_k\right|^2,\ k=0,\ 1,\ \cdots,\ N-1 \tag{4-52}$$

⑬对 G_k'' 作平滑处理，最后求得单边功率谱离散值的估计 G_k。

（6）随机信号的互谱密度

利用与功率谱密度分析类似的方法可推得单边互谱离散值的表达式为

$$\left(G_{xy}\right)_k=\frac{2\Delta}{N}\left(X_k^*Y_k\right) \tag{4-53}$$

其幅值：

$$\left|\left(G_{xy}\right)_k\right|=\frac{2}{N}\Delta\left|X_k^*Y_k\right| \tag{4-54}$$

式中，

$$X_k^* = \sum_{n=0}^{N-1} x_n e^{j\frac{2\pi kn}{N}}, \ k=0, 1, \cdots, N-1 \tag{4-55}$$

$$Y_k = \sum_{n=0}^{N-1} x_n e^{-j\frac{2\pi kn}{N}}, \ k=0, 1, \cdots, N-1 \tag{4-56}$$

互谱的直接 FFT 算法步骤如下。

①截断两数据序列$\{x_n\}$、$\{y_n\}$（或增加零点），使每个序列的容量$N=2^M$，M为正整数。

②为减少泄漏，对序列$\{x_n\}$、$\{y_n\}$进行适当窗处理。

③用 FFT 方法，计算加窗之后的序列的离散谱X_k^*、Y_k^*。

④计算单边互谱的离散值$\left(G_{xy}\right)_k$。

⑤若对原始序列补过零，则要乘以系数对$\left(G_{xy}\right)_k$作补零修正，即

$$\frac{N_0 + N_x}{N_0} = \frac{N}{N_0} \tag{4-57}$$

⑥消除加窗影响，乘以窗修正系数K_0。

⑦对以上结果作平滑处理，最终得到单边互谱离散值的平滑估计量$\left(G_{xy}\right)_k$。

4.3 时频域分析

上一节所述频谱分析的缺点在于变换后的频域丢失了时间信息，也就是说无法获得具体频率成分随时间的变化信息。为了评价宽带频率分量随时间演化的情况，采用时频变换方法进行分析。时频分析目的在于构造一种时间和频率的密度函数，来揭示信号中所包含的频率分量及其随时间的演化特性。下面重点分析了短时傅里叶变换、连续小波变换和自适应最优

核时频分布在揭示压力脉动时频分布结构方面的应用。

4.3.1　短时傅里叶变换

短时傅里叶变换的基本思想是：在信号进行傅里叶分析变换前乘上一个时间有限的窗函数，并假定非平稳信号在分析窗的短时间间隔内是平稳的，通过窗在时间轴上的移动从而使信号逐段进入被分析状态，得到从不同时刻“局部”频谱图。对于给定的非平稳信号 $x(t) \in L^2(R)$，信号 $x(t)$ 的短时傅里叶变换定义为

$$\mathrm{STFT}(t,\omega)=\int_{-\infty}^{+\infty} x(\tau)h(\tau-t)\mathrm{e}^{-iwt}\,\mathrm{d}\tau \tag{4-58}$$

其中，$h(t)$ 称为窗函数。短时傅里叶变换概念直接，算法简单，是研究非平稳信号十分有力的工具。但存在两个主要的难点：（1）窗函数的选择。对于特定的信号只有选择特定的窗函数才可能得到更好的效果。但当要分析包含两个分量以上信号时，很难使一个窗同时满足几种不同的要求。（2）窗函数长度的选择。窗函数长度与频域图频率分辨率有着直接的关系。想获得高的频率分辨率，就要较长的窗函数，而对于变化很快的信号，想获得高的时间分辨率，就要尽量减短窗函数长度。根据 Heisenberg 测不准原理，无法同时满足高频率分辨率和时间分辨率的要求。

4.3.2　连续小波变换

小波变换是一种在信号时间 - 尺度（时间 - 频率）域的分析方法，它具有多分辨率的特点。在时频两域小波变换都具有表征信号局部特征的能力，窗口面积恒定，形状可变，且时间窗和频率窗都可以改变。分析结果的低频率（大尺度）对应信号的整体信息，而高频率分量则对应于信号内部隐藏的细节信息，因此，被誉为分析信号的显微镜。

$\psi(t) \in L^2(R)$（$L^2(R)$ 表示平方可积的实数空间，即能量有限的信号空

间），其傅里叶变换为$\psi(\omega)$。当$\psi(\omega)$满足允许条件：

$$C_{\psi}=\int_{R}\frac{\left|\psi(\omega)\right|^{2}}{\left|\omega\right|}\mathrm{d}\omega<\infty \tag{4-59}$$

对任意的函数$x(t)\in L^{2}(R)$的连续小波变换为

$$\mathrm{CWT}(a,b)=\int x(t)\psi_{a}^{*}(t)\mathrm{d}t=\frac{1}{\sqrt{a}}\int x(t)\psi^{*}\left[\frac{t-b}{a}\right]\mathrm{d}t \tag{4-60}$$

其中，a是伸缩尺度；b是平移参数；$\psi_{a}(t)$是由$\psi(t)$伸缩和平移变化而来。

值得指出的是小波分析更适用于分析具有自相似结构的信号（如分形）和突变（瞬态）信号。而从刻画信号的时变结构角度看，小波变换的结果往往难于解释。

4.3.3 自适应最优核时频分析

自适应最优核时频分布是基于 Wingner–Ville 分布改进的时频分析理论。Wingner–Ville 分布时频分辨率高，时间 – 带宽积可达到 Heisen–berg 不确定性原理给出的下界等。但由于 Wingner–Ville 分布是双线性变换，对于多分量信号存在较严重的交叉项干扰，影响了人们对 Wingner–Ville 分布的解释。为了抑制交叉项，使信号的自项得到很好的分离，人们设计了多种时频分布，可统一表示成 Cohen 类双线性时频分布：

$$P_{\mathrm{TFR}}(t,\omega)=\frac{1}{4\pi^{2}}\iint A(\theta,\tau)\phi(\theta,\tau)\mathrm{e}^{-j\theta t-j\tau\omega}\mathrm{d}\theta\mathrm{d}\tau \tag{4-61}$$

其中，$A(\theta,\tau)$是对称模糊函数，定义如下式：

$$A(\theta,\tau)\equiv\int s\left(t+\frac{\tau}{2}\right)s^{*}\left(t-\frac{\tau}{2}\right)\mathrm{e}^{j\theta t}\mathrm{d}t \tag{4-62}$$

基于信号的径向高斯核时频分布是一种比较理想的时频分布，这种分布将待求的核函数定义为沿任意径向剖面都是 Gauss 型的二维函数，即

$$\phi(\theta,\tau)=\exp\left[-\frac{\theta^2+\tau^2}{2\sigma^2(\psi)}\right] \tag{4-63}$$

式中：$\sigma(\psi)$ 为控制径向高斯核函数在径向角 ψ 方向的扩展，称之为扩展函数。ψ 为径向与水平方向的夹角，$\psi\equiv\arctan(\tau/\theta)$。令 $r=\sqrt{\theta^2+\tau^2}$，则式（4–63）在极坐标中表示为

$$\phi(r,\psi)=\exp\left[-\frac{r^2}{2\sigma^2(\psi)}\right] \tag{4-64}$$

为使式（4–63）所示核抑制交叉项与刻画自项同时达到最优，提出最优核时频分布，其中最优核求取为求解以下优化问题：

$$\max_{\phi}\int_0^{2\pi}\int_0^{\infty}|A(r,\psi)\phi(r,\psi)|^2 r\mathrm{d}r\mathrm{d}\psi \tag{4-65}$$

约束条件为

$$\phi(r,\psi)=\exp\left[-\frac{r^2}{2\sigma^2(\psi)}\right] \tag{4-66}$$

$$\frac{1}{4\pi^2}\int_0^{2\pi}\int_0^{\infty}|\phi(r,\psi)|^2 r\mathrm{d}r\mathrm{d}\psi=\frac{1}{4\pi^2}\int_0^{2\pi}\sigma^2(\psi)\mathrm{d}\psi\leqslant\alpha \tag{4-67}$$

式中：$A(r,\psi)$ 为模糊函数在极坐标中的表达形式，α 是最优核参数。

定义短时模糊函数 $A(t;\theta,\tau)$ 为

$$A(t;\theta,\tau)=\int s^*\left(u-\frac{\tau}{2}\right)w^*\left(u-t-\frac{\tau}{2}\right)s\left(u+\frac{\tau}{2}\right)w\left(u-t+\frac{\tau}{2}\right)\mathrm{e}^{j\theta u}\mathrm{d}u \tag{4-68}$$

式中：$w(u)$ 为对称的窗函数，令 $|u|>T$ 时，$w(u)=0$，则在任一时刻 t，只有在 $[t-T, t+T]$ 范围内的信号才可以计算其模糊函数。对于信号的任一细节部分，短时模糊函数都可以准确地刻画出来。此时可得与之相对应的自适应最优核 $\phi(t;\theta,\tau)$。则时间段 $[t-T, t+T]$ 内信号的自适应最优核时频分布为：

$$P_{\mathrm{AOK}}(t,\omega)=\frac{1}{4\pi^2}\iint A(t;\theta,\tau)\phi_{\mathrm{opt}}(t;\theta,\tau)\mathrm{e}^{-j\theta t-j\tau\omega}\mathrm{d}\theta\mathrm{d}\tau \tag{4-69}$$

4.3.4 HHT 变换

HHT（Hilbert–Huang transform）主要包括经验模态分解（empirical modele dcomposition，EMD）和 Hilbert 谱分析两个主要部分。HHT 就是先将信号进行经验模态分解（EMD 分解），然后将分解后的每个 IMF 分量进行 Hilbert 变换，得到信号的时频属性的一种时频分析方法。

1.EMD

在 HHT 中为了更加准确地计算瞬时频率，定义了固有模态函数（intrinsic mode function，IMF），IMF 是满足单分量信号物理解释的一类信号，在每一时刻只有单一频率成分，从而使得瞬时频率具有了物理意义。一个固有模态函数必须满足下面两个条件。

（1）在整个数据段内，极值点的个数和过零点的个数必须相等或相差最多不能超过一个。

（2）在任一时刻，局部极大值点形成的上包络线与局部极小值点形成的下包络线的平均值为零，即上下包络线相对于时间轴局部对称。

EMD 方法实际上就是从复杂信号里分离 IMF 的过程，基于任何复杂的信号都是由一些不同的 IMF 组成的假设，对复杂信号进行分解（the sifting process），从而使得复杂信号经 Hilbert 变换后的瞬时频率具有物理意义。EMD 分解过程简述如下。

（1）确定信号（t）所有的局部极值点。

（2）用三次样条线分别将所有的局部极大值和极小值点连接起来形成上、下包络线。

（3）上下包络线的平均值记为 $m(t)$，求出 $c(t)=z(t)-m(t)$ 核对条件，如果 $c(t)$ 是一个 IMF，则 $c(t)$ 就是 $x(t)$ 的第一个 IMF 分量，把 $c(t)$ 从 $x(t)$ 中分离出来，得到残余函数 $r(t)=x(t)-c(t)$；否则

把 $c(t)$ 作为原始数据重复骤（1）~（3）。

（4）重复（1）~（3）直到 $r(t)$ 成为一个单函数不能从中提取满足 IMF 条件的分量时，循环结束。完成 EMD 的分解过程。

由此，原信号 $z(t)$ 可表示为一个残余函数和 n 个 IMF 函数之和：

$$x(t)=\sum_{i=1}^{n}c_i(t)+r_n(t) \tag{4-70}$$

2.Hilbert 谱与边际谱

在分解得到固有模态函数（IMF）之后，对其进行 Hilbert 变换计算得到瞬时频率。首先，对所有 IMF 作 Hilbert 变换，即

$$H\left[c_i(t)\right]=\frac{1}{\pi}\int_{-\infty}^{\infty}\frac{c_i}{t-\tau}\mathrm{d}\tau \tag{4-71}$$

构造解析信号，得到幅值和相位函数：

$$a_i(t)=\sqrt{c_i^2(t)+\left(H\left[c_i(t)\right]\right)^2} \tag{4-72}$$

$$\Phi_i(t)=\arctan\frac{H\left[c_i(t)\right]}{c_i(t)} \tag{4-73}$$

求出瞬时频率为

$$\omega_i(t)=\frac{\mathrm{d}\Phi_i(t)}{\mathrm{d}t} \tag{4-74}$$

则

$$x(t)=H(\omega,t)=\mathrm{Re}\sum_{i=1}^{n}a_i(t)\exp\left[j\int\omega_i(t)\mathrm{d}t\right] \tag{4-75}$$

这里省略了残余量 $r_\pi(t)$，Re 表示取实部，$H(\omega,t)$ 称为 Hilbert 谱。

进一步定义边际谱：

$$h(\omega)=\int_0^T H(\omega,t)\mathrm{d}t \tag{4-76}$$

式中: T 为信号的总长度。得到了瞬时频率和幅值即可描述出原信号的时频，

Hilbert 谱精确地描述了信号的幅值在整个频率段上随时间和频率的变化规律，而 $h(\omega)$ 反映了信号的幅值在整个频率段随频率的变化情况。

然而，HHT 变换也存在一些挑战，如对噪声和边界效应敏感，需要适当的预处理和边界扩展技术来提高结果的准确性。此外，HHT 变换的计算复杂度较高，对于长时间序列或大数据量可能会导致计算资源的需求较高。总体而言，HHT 变换是一种强大的时频分析方法，能够揭示非平稳信号中的局部特征和频率成分，并在许多领域中为信号分析和振动分析提供了有价值的工具。

第 5 章　离心泵振动信号的频谱特征分析

本章从振动信号处理的不同角度分析离心泵不同空化状态下振动加速度信号和电机电流信号的特性，并得出相应能表征空化状态的信号特征。

5.1　振动信号时域特征分析

以设计工况 Q=40 m³/h，转速为 2 900 r/min 的离心泵振动信号为示例，未空化与空化状态的振动加速度信号时域表示如图 5-1 所示，在本章中以 A 来表示振动加速度。试验过程中泵的转频约为 48.3 Hz，即一个旋转周期约为 0.02 s，可以看出，未空化状态下，在泵壳 x 轴、泵壳 y 轴、泵壳 z 轴及进口管 z 轴监测点，每间隔 0.02 s 振动加速度信号表现出转频特征，泵壳 x 轴处最为明显，而在扬程下降 3% 的空化状态下，对应监测点的振动加速度时域信号的转频特征明显减弱，而信号的峰值明显增强。

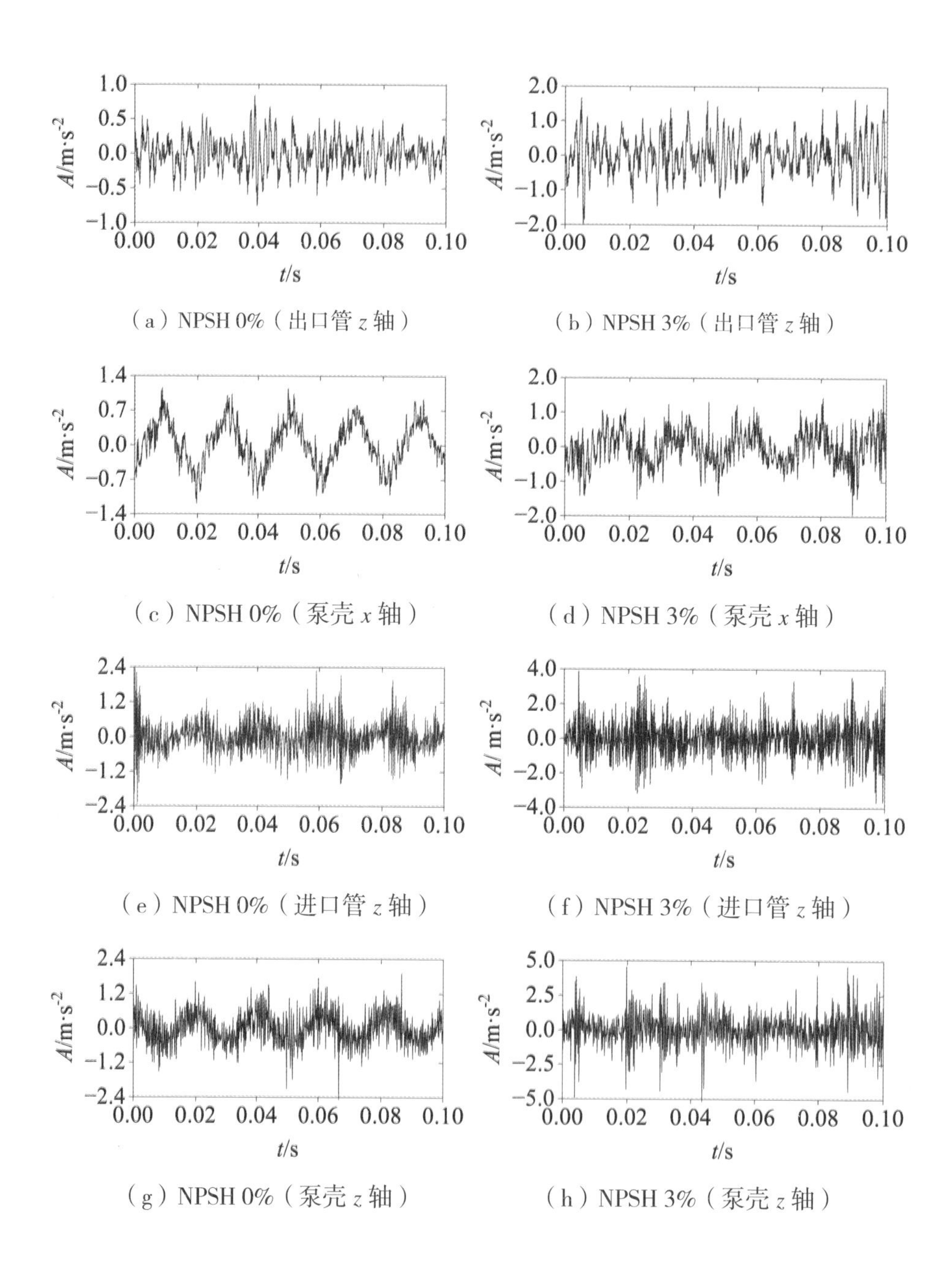

（a）NPSH 0%（出口管 z 轴）

（b）NPSH 3%（出口管 z 轴）

（c）NPSH 0%（泵壳 x 轴）

（d）NPSH 3%（泵壳 x 轴）

（e）NPSH 0%（进口管 z 轴）

（f）NPSH 3%（进口管 z 轴）

（g）NPSH 0%（泵壳 z 轴）

（h）NPSH 3%（泵壳 z 轴）

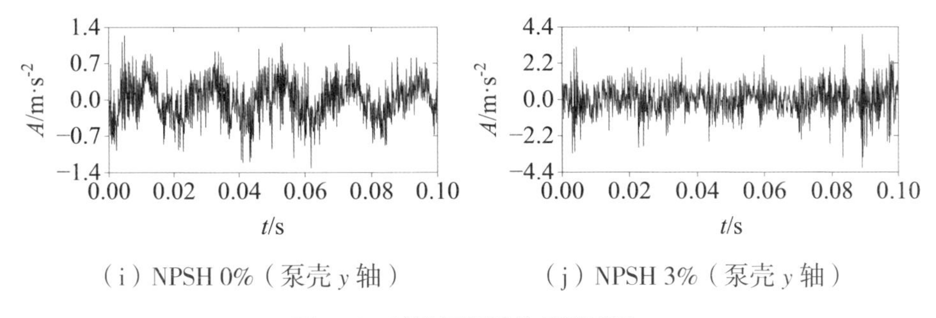

（i）NPSH 0%（泵壳 y 轴）　　（j）NPSH 3%（泵壳 y 轴）

图 5–1　试验泵振动信号时域图

根据 GB/T 29531—2013，采用振动加速度信号的均方根值 Z_{rms} 作为不同空化状态下试验泵的振动强度，计算式如下：

$$Z_{rms}=\sqrt{\frac{1}{n}\sum_{i=1}^{n}x_i^2} \tag{5-1}$$

式中：x_i 为某个振动加速度信号的测量值，单位 m/s^2；n 为振动加速度信号的采样个数。

为获得离心泵不同空化状态下振动强度变化曲线，以 1 s 内所采集到的振动加速度信号作为一个计算单位，即 10 000 长度的振动加速度信号，计算试验泵的振动强度，并绘制成曲线，如图 5–2 所示，为三类流量工况下的离心泵振动强度随 NPSH 变化曲线图。可以看出随着进口压力的降低，试验泵的各个监测点的振动强度总体上均在增强，在局部工况点会出现上下波动。在 NPSH 较高处，满足流量越大振动强度越大的规律，随着空化实验进行，进口压力降低，在较低 NPSH 处，除泵壳 y 轴外，各个监测点呈现出 Q=35 m^3/h 工况的振动强度大于 Q=40 m^3/h 工况的振动强度的特点，但是 Q=45 m^3/h 工况的振动强度在整个空化实验中始终保持最大，在不同监测点的最大值分别为出口管 z 轴 1.15 m/s^2、泵壳 x 轴 0.99 m/s^2、进口管 z 轴 1.43 m/s^2、泵壳 z 轴 1.83 m/s^2、泵壳 y 轴 1.81 m/s^2。相比之下，Q=35 m^3/h 工况的振动强度增长趋势较为明显，且随着 NPSH 的降低，增长幅度越大，稳定性较好，发现试验泵流量越大，振动强度波动越大。

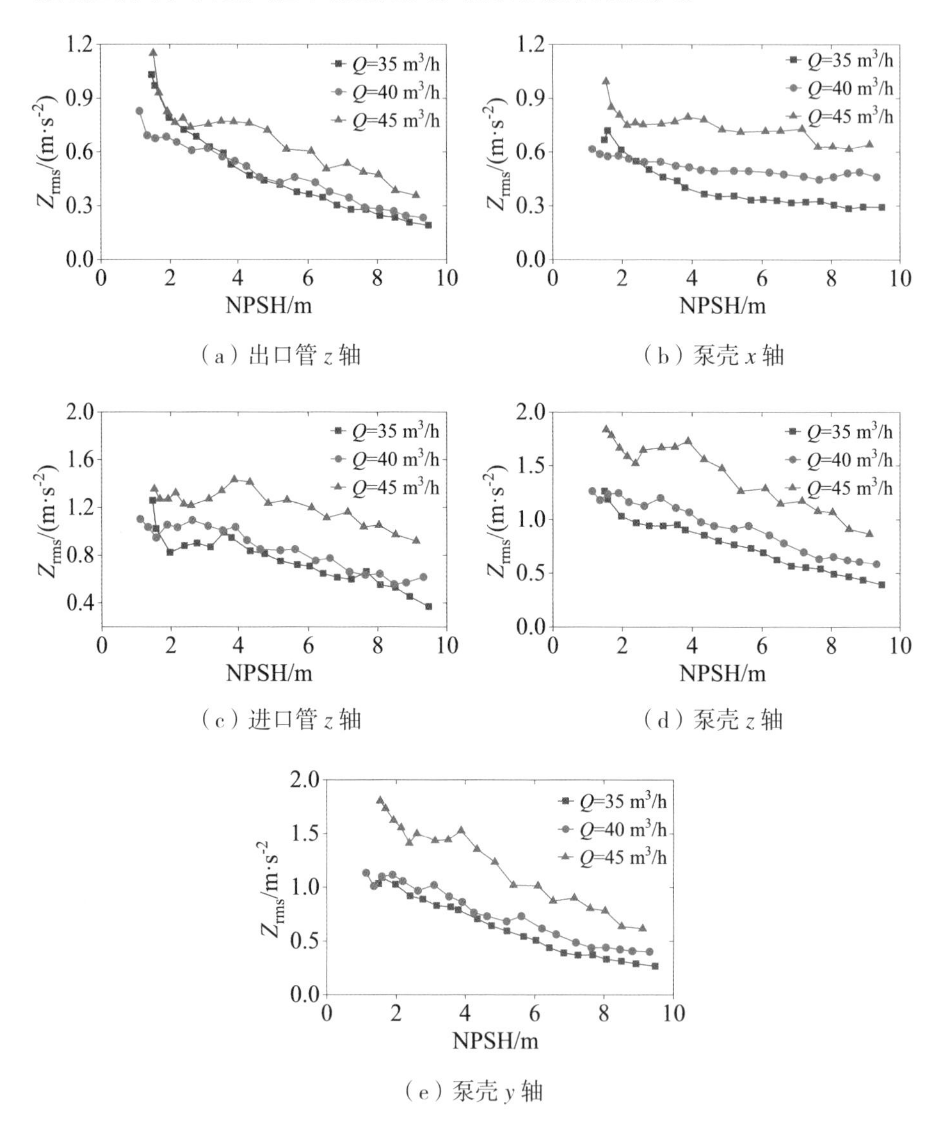

（a）出口管 z 轴　（b）泵壳 x 轴

（c）进口管 z 轴　（d）泵壳 z 轴

（e）泵壳 y 轴

图 5–2　不同 NPSH 下的离心泵振动强度分布图

为进一步探究离心泵在未空化和临界空化状态下的振动强度变化，将离心泵在临界空化点的振动强度和正常状态下的振动强度的差值作为振动强度涨幅，不同流量下各监测点的振动强度涨幅如图 5–3 所示，不同转速下各监测点振动强度涨幅如图 5-4 所示。可以看出，试验泵在不同流量下，泵壳 x 轴处的振动强度涨幅较小，而在不同转速下泵壳 x 轴的振动强度涨幅也为最小，可见空化的发生对泵轴 x 轴处的监测点振动影响较小。在相同转速下，额定流量的振动强度涨幅较小，在各个监测点下分别为出口管 z 轴 0.32 m/s²、泵壳 x 轴 0.06 m/s²、进口管 z 轴 0.42 m/s²、泵壳 z 轴 0.48 m/s²、泵壳 y 轴 0.46 m/s²，而其余流量工况的振动强度涨幅较大，而在相同流量下，转速为 2 900 r/min 的工况相较其余转速工况，各个监测点的振动强度涨幅均较小，说明试验泵在额定工况下受到空化引起振动的影响较小。

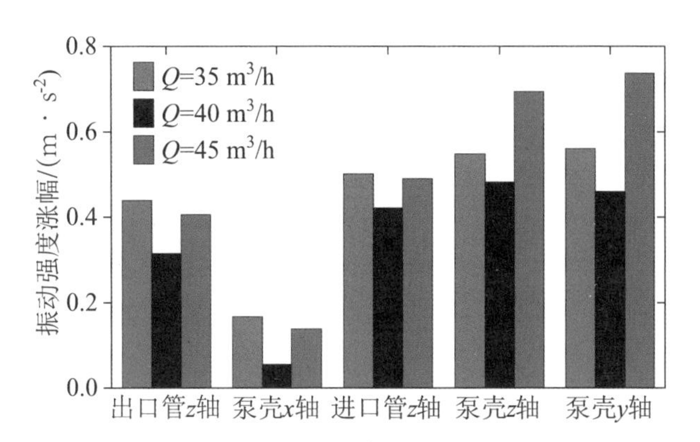

图 5-3　不同流量下各监测点振动强度涨幅图

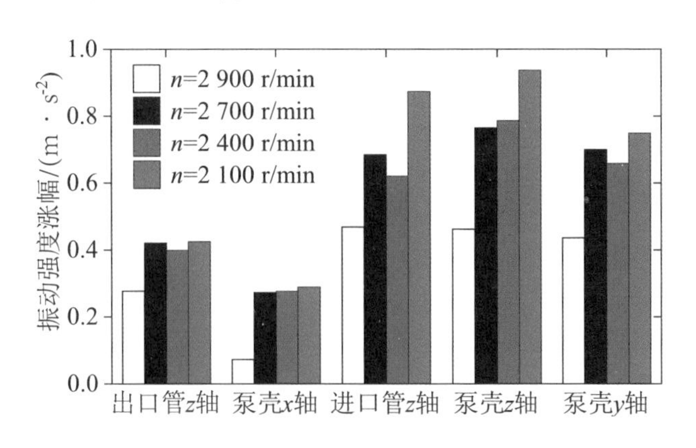

图 5-4　不同转速下各监测点振动强度涨幅图

为进一步探究试验泵在空化下的振动加速度信号的时域特性，选取不同空化状态下振动信号的峭度、峰值因子和波形因子来分析。在计算这些特性前，对信号进行零均值处理，即从原始信号下 $x(t)$ 中减去其平均值，只保留信号的动态部分来计算，如下式所示：

$$x(t)=x(t)-\overline{x(t)} \tag{5-2}$$

式中，$\bar{x}$ 为信号的均值。

峭度 x_K 可以表示振动加速度信号中冲击成分能量的占比，是一种无量纲参数，它对大幅值非常敏感，有利于探测信号中含有脉冲的故障，计算公式如下：

$$x_K=\frac{\frac{1}{n}\sum_{i=1}^{n}\left(x_i-\bar{x}\right)}{\left[\frac{1}{n}\sum_{i=1}^{n}\left(x_i-\bar{x}\right)^2\right]^2} \tag{5-3}$$

峰值因子 x_{CREST} 是信号峰值与有效值的比值，代表峰值在信号波形中的极端程度，计算公式如下：

$$x_{\mathrm{CREST}}=\frac{x_p}{\sqrt{\frac{1}{n}\sum_{i=1}^{n}x_i^2}} \tag{5-4}$$

式中，x_p 为信号的峰值。

波形因子 x_{SF} 是有效值与整流平均值的比值，在故障诊断中的敏感性较差，但稳定性较好，它能够稳定地反映是否存在冲击信号，其值越大表明冲击信号越明显，因此常被当做故障诊断的有效指标使用，计算公式如下：

$$x_{\mathrm{SF}}=\frac{\sqrt{\frac{1}{n}\sum_{i=1}^{n}x_i^2}}{\frac{1}{n}\sum_{i=1}^{n}\left|x_i\right|} \tag{5-5}$$

以设计流量 40 $\mathrm{m^3/h}$ 为例，计算泵壳 x 轴监测点方向上的不同空化状态的振动信号的峭度、波形因子和峰值因子，可得到振动加速度时域特征变化，如图 5-5 所示。可以发现在 NPSH 较高的情况下，离心泵内部未发生空化时扬程未明显下降，峭度和峰值维持在较低水平，此时试验泵处于正常运行状态，振动加速度信号中冲击成分低；随着进口压力降低，当 NPSH 下降到约 7 m，扬程下降曲线变陡，峭度、峰值因子和波形因子变大明显，当 NPSH 下降到 6 m 以下，三者开始明显波动。这些时域特征参数可以从一定程度揭示在离心泵空化的发生，但随着进口压力的降低，其稳定性能较差，在空化较为严重阶段无法判断空化的严重程度。

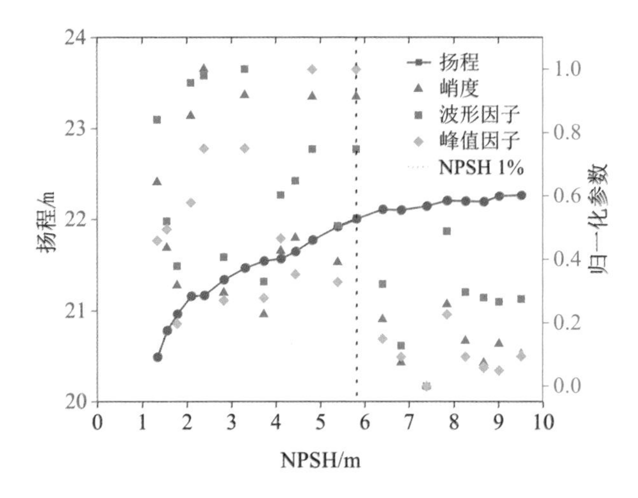

图 5-5　不同 NPSH 下振动加速度时域特征变化

5.2　振动信号频域特征分析

离心泵的振动并非单一的简谐振动，它是由一些不同频率的简谐振动调制成的周期振动或准周期振动。由于泵内空化的发生往往引起振动加速度信号频率结构的变化，对信号进行频域分析十分必要。通过对各个监测点的振动加速度信号进行傅里叶变换可以得到其频域信号，本章试验中的振动加速度传感器采样频率为 10 000 Hz，由奈奎斯特采样定理可知频域图的最大频率范围可达 5 000 Hz。以 Q=40 m³/h，n=2 900 r/min 的设计工况为例，选择 NPSH 0% 和 NPSH 3% 状态下振动信号进行频域分析。为了清晰表达试验泵转频及倍数转频特征，将 500 Hz 和 5 000 Hz 内频谱图分别展示，5 000 Hz 内的振动信号频谱图如图 5-6 所示。可以看出离心泵在 NPSH 0% 状态下，除了出口管 z 轴监测点，其余 4 个监测点的振动信号均以试验泵的转频为主频，约为 48.3 Hz。其中泵壳 x 轴的转频幅值最高约为 0.49 m/s²。在 NPSH 3% 状态下，除了出口管 z 轴外，其余各监测点仍然以转频为主频，其中泵壳 x 轴的转频最高约为 0.37 m/s²，对比 NPSH 0% 状态下，各个监测点的转频均下降，但从整个频域范围内来看，各频率段的振幅有着不同的变化，尤其明显的是泵壳 x 轴、y 轴和进口管 z 轴监测点的高频率分段，这表明由空化引起的离心泵振动具有宽频特性，在不同的频段范围内有着不同表现特性。因此后续可以提取振动信号不同频段的特征作为离心泵空化状态识别的特征。

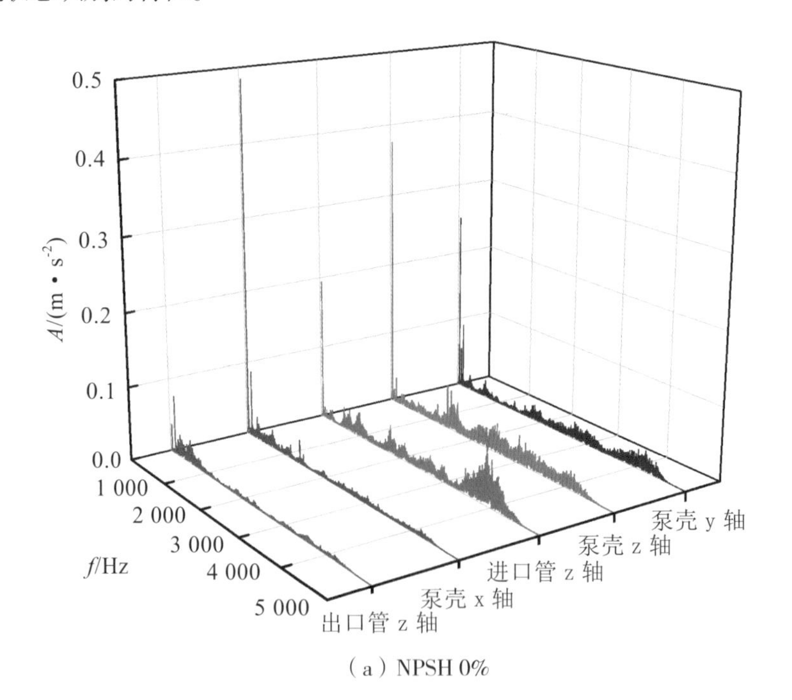

（a）NPSH 0%

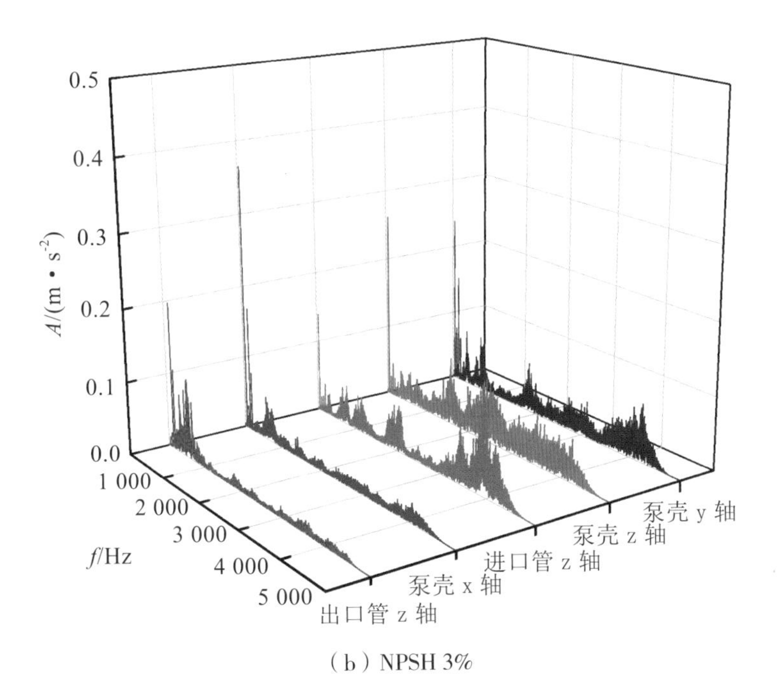

（b）NPSH 3%

图 5-6　试验泵振动信号频谱图（5 000 Hz）

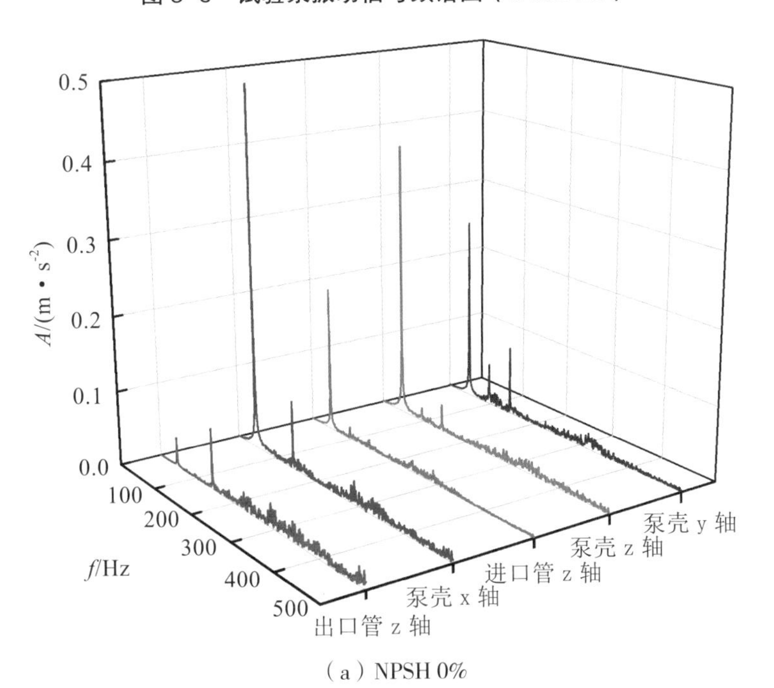

（a）NPSH 0%

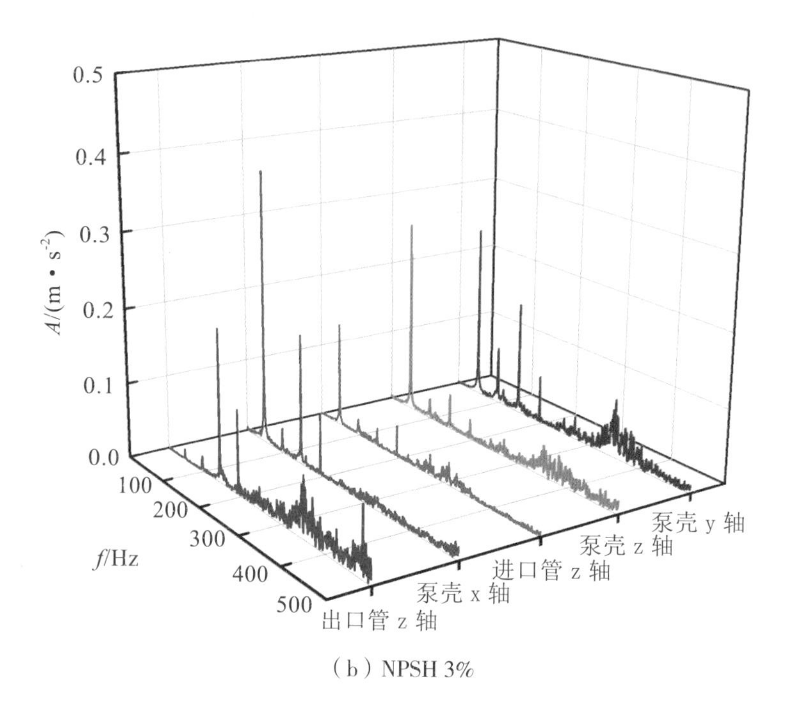

（b）NPSH 3%

图 5-7 试验泵振动信号频谱图（500 Hz）

500 Hz 内的振动信号频谱图如图 5-7 所示，从 0 ~ 500 Hz 频域范围内来看，随着空化的发生，试验泵转频的倍频有明显增强。在出口管 z 轴监测点，空化后试验泵在 480 Hz 左右出现了较高的频率分量，而这是试验泵的叶频成分，另外在 300 ~ 500 Hz 频段幅值出现了大幅上升。泵壳 x 轴监测点处，空化后轴频幅值下降，三倍转频处幅值明显上升，300 ~ 500 Hz 频段无明显变化。进口管 z 轴监测点处，除轴频幅值下降，轴频倍频幅值上升以外，在约 250 ~ 350 Hz 频段幅值均有上升。与出口管 z 轴监测点类似，泵壳 z 轴在 300 ~ 500 Hz 频段内幅值也出现了上升，这是由于两个监测点的传感器虽然安装位置不同但均位于空间坐标系的 z 轴上。泵壳 y 轴监测点处，空化发生后以 350 Hz 为中心出现了幅值较高的宽带频率。

提取试验泵在 NPSH 0% 和 NSPH 3% 状态下转频的各个倍频并计算其幅

值差值，结果如图 5–8 所示，发现在各个监测点处轴频的幅值均降低，其幅值差分别为出口管 z 轴 0.026 m/s^2、泵壳 x 轴 0.12 m/s^2、进口管 z 轴 0.05 m/s^2、泵壳 z 轴 0.11 m/s^2、泵壳 y 轴 0.01 m/s^2。空化发生后，转频的二、三和四倍频幅值均上升，其中二倍转频的增幅较小，而在出口管 z 轴、泵壳 x 轴和泵壳 y 轴监测点处以三倍、四倍转频的增强最为明显。

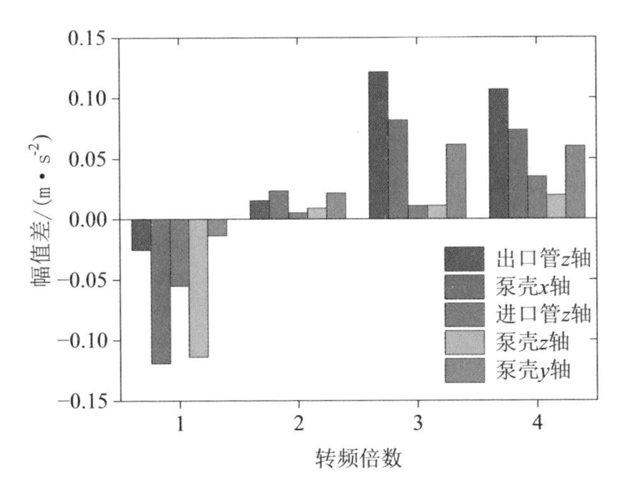

图 5–8　倍数转频振幅变化图

为探究离心泵在空化实验过程中各个振动监测点的信号频率变化，同时为方便后文的特征提取，以设计工况 Q=40 m^3/h，n=2 900 r/min 为例，将不同 NPSH 下的 1 000 个长度的振动信号进行傅里叶变换，得到不同振动监测点的相应频谱图如图 5–9 所示。从上到下的 NPSH 依次为 9.5 m、8.3 m、7.4 m、6.4 m、5.4 m、4.5 m、3.3 m、2.4 m、1.3 m。从出口管 z 轴的频谱图可以看出，不同空化状态的频谱图差异主要集中于 0 ~ 1 000 Hz 频段，在未空化状态下，该频段内存在多个峰值，主频不明确，随着 NPSH 不断下降，该频段内的多个峰值逐渐减少，主频峰值显现，在整个空化实验过程中 500 ~ 700 Hz 处始终有着较高的频率成分。泵壳 x 轴的主频在整个空化模拟过程中始终为试验泵轴频，其幅值随 NPSH 降低先维持不变然后减小最后增大，在 NPSH

为 5.4 ~ 9.5 m 范围内，主频幅值维持在 0.5 m/s² 左右，当 NSPH 降至 4.5 m 时主频幅值开始减少，直到 NPSH 为 1.3 m 时有所上升，另外在 NPSH 较高时，除轴频外没有其他明显峰值，但在 NPSH 降低到 4.5 m 以下，在 50 ~ 800 Hz 附近产生了较多的频率成分，其余频段幅值在低 NPSH 状态均有增强。从进口管 z 轴的高频部分可以看出，频谱图的 3500 ~ 4 500 Hz 频段始终存在着较强的频率成分，约 4 000 Hz 处为峰值所在，在 NPSH 较高时轴频占据主频位置，当 NPSH 降低至 7.4 m 以下，主频在 4 000 Hz 附近，该监测点的振动信号在不同空化状态下显现出较明显的分频段表现特性。同时发现空化程度越严重，进口管 z 轴和泵壳 x 轴监测点处的频谱中轴频幅值较低，在 NPSH 为 1.3 m 时，两处监测点在 0 ~ 400 Hz 处均产生了多个频谱峰值。泵壳 z 轴监测点的振动信号在不同 NPSH 状态下表现出明显的宽频特性，随着空化状态加深主频幅值不断降低。在 NPSH 较高的状态下，泵壳 y 轴监测点的频谱图以试验泵轴频为主频，幅值均在 0.2 m/s² 以上，当 NPSH 降低到 3.3 m 时，轴频幅值开始下降，取代主频的是轴频的二倍频，幅值约为 0.26 m/s²，另外随着 NPSH 降低，3 500 ~ 4 000 Hz 的频段内的频率成分明显增强。综上分析，表明离心泵在空化状态下的振动信号表现出宽频特性，在不同监测点采集到的振动信号在频域上有着较大差异，空化状态不同，各处振动信号的不同频段特性表现也不同，对于离心泵的空化状态的振动信号特征可以考虑分频段来提取。

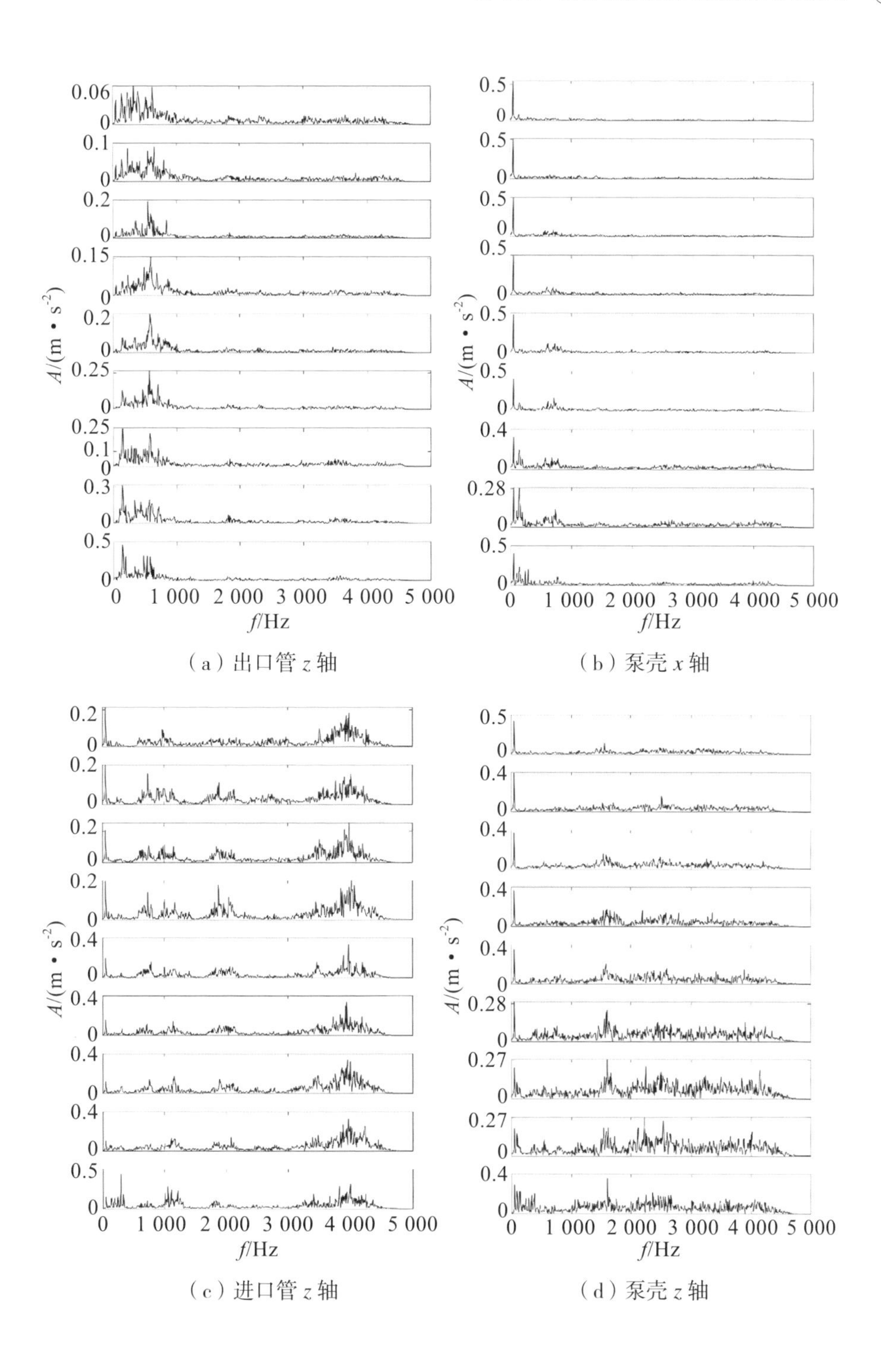

（a）出口管 z 轴

（b）泵壳 x 轴

（c）进口管 z 轴

（d）泵壳 z 轴

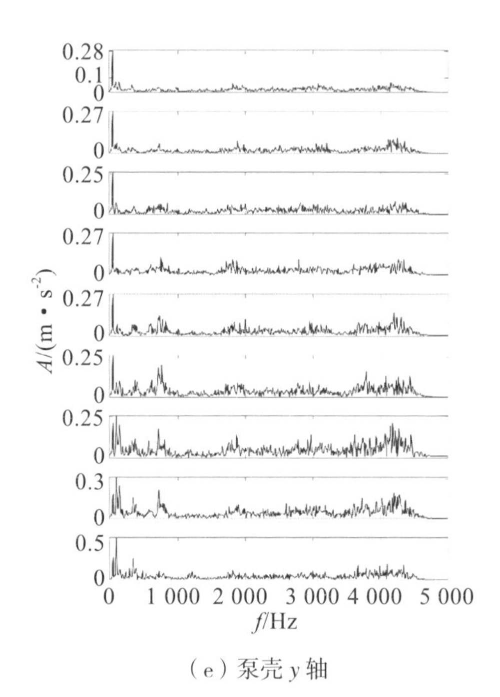

（e）泵壳 y 轴

图 5-9　不同 NPSH 下各监测点振动加速度频谱

频域特征指标是根据信号的功率谱求得的，在故障诊断中可以与时域指标以及其他指标一同作为特征向量的一部分，丰富特征量种类，提升诊断正确率。重心频率是一个用来反映信号功率谱的分布情况的特征值，对于某个范围的频带，小于重心频率的频带所占的能量是信号总能量的一半。频率方差是信号频域标准差的平方，常用于衡量功率谱能量分散程度，均方频率是信号频率平方的加权平均。重心频率计算公式为式（5-6），频率方差计算公式为式（5-7），均方频率计算公式为式（5-8）。

$$F_g = \frac{\sum_{j=1}^{K} f_j s_j}{\sum_{j=1}^{K} s_j} \tag{5-6}$$

$$F_g = \frac{\sum_{j=1}^{K} f_j s_j}{\sum_{j=1}^{K} s_j} \tag{5-7}$$

$$F_{ave} = \frac{\sum_{j=1}^{K} f_j^{\ 2} s_j}{\sum_{j=1}^{K} s_j} \tag{5-8}$$

式中：S_j 是时域信号 x_i 的频谱，j=1，2，…，K；K 是谱线数；f_j 是第 j 条谱线的频率值。

不同 NPSH 下振动信号频域参数变化如图 5-10 所示，在不同 NPSH 下，重心频率和均方频率均随着 NPSH 降低呈增大趋势，且相邻测点的变化趋势高度一致，这是因为两者都是用来描述功率谱主频带位置分布。与重心频率不同，频率方差虽整体呈现随空化程度加剧而增大的趋势，但在不同 NPSH 下其值波动明显，在试验泵未空化状态下也呈现较大值。进入临界空化状态之后，相比时域特征，频域特征较为地稳定反映空化的严重程度，可考虑设置相应的阈值来区分空化状态。

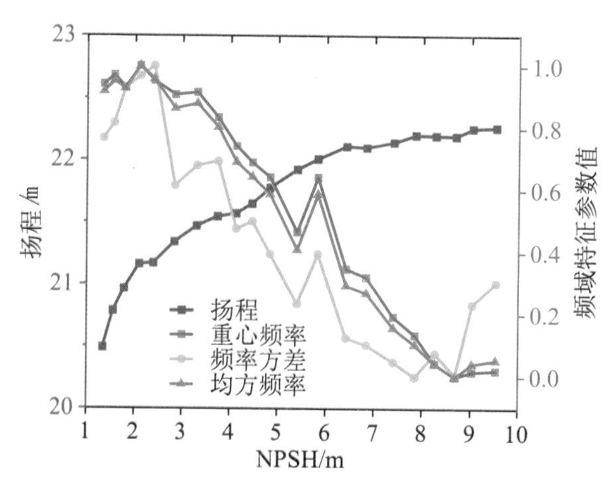

图 5-10　不同 NPSH 下振动信号频域特征参数变化

5.3　自适应最优核时频分析

离心泵的振动加速度信号具有非稳态、非线性的特点，若只进行时域和傅里叶变换分析，可能无法抽取出信号的局部频域或时域特征，且不能有效获取信号频率随时间变换的特性，而这些特征会影响到后续的空化状态识别。因此本书考虑对振动信号进行时频图分析，在时频分析领域，短时傅里叶变换是最常见的方法，它作为一种整体算法，通过将信号分段并对每段进行傅里叶变换来实现，而它的时间和频率分辨率是固定的，不能根据信号特征进行调整，由于窗函数的影响，可能会产生频谱泄漏和混叠等问题。自适应最优核时频分布方法的核函数会随着信号特征自适应变化，能够有效地在模糊域内抑制远离原点的互分量，同时最大限度地保留集中在原点附近的自分量。这种方法能够更好地适应信号特征的变化，提高时频分析的准确性。对未空化状态下的一段振动信号分别进行短时傅里叶变换和自适应最优核时频处理，得到结果如图 5-11 所示，可以看出短时傅里叶变换得到的时频图在 0 ~ 5 000 Hz 频率范围内分辨率较低，存在着大量的干扰项，理想的时频分布应该有着较好的聚集性，且能突显出较强频率的变化，而自适应最优核时频分布没有窗函数的限制，在未空化状态下主频特征明显，聚集性较好，便于与空化后时频分布图作比较分析，因此本书采取自适应最优核时频分布作为振动信号的时频分析方法。

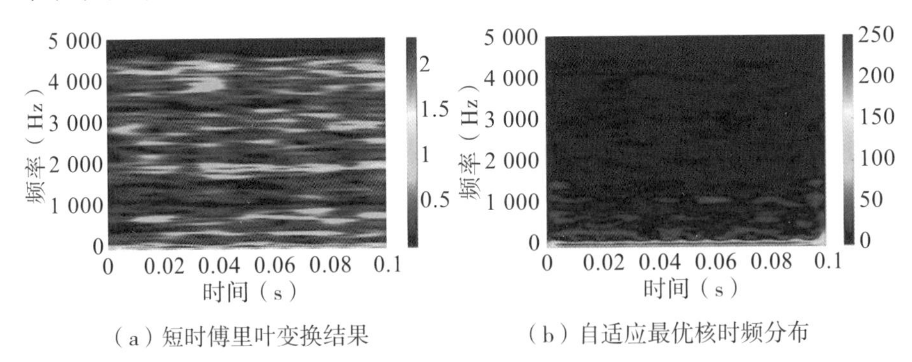

（a）短时傅里叶变换结果　　（b）自适应最优核时频分布

图 5-11　振动信号不同时频分析方法对比

为了清晰表达振动信号的时频图特性，以设计流量 Q=40 m³/h、n=2 900 r/min 为例，选取未空化、空泡出现、扬程下降 1% 和扬程下降 3%

的不同监测点的振动加速度信号进行自适应最优核时频分析，结果如图 5-12 ~ 图 5-14 所示，分别为泵壳 x 轴、泵壳 z 轴和出口管 z 轴监测点采集到的振动信号的自适应最优核分布。

可以发现在 NPSH 0% 状态下，泵壳 x 轴监测点振动信号在 0 ~ 1 500 Hz 频率范围内分散着较多幅值较低的频率成分，随着空泡的出现，在 NPSHK 状态下，750 Hz 附近出现了幅值较高的频率分量，但持续时间较短，为 0.01 s 左右。扬程下降至 1% 时，750 Hz 附近的频率分量持续时间变长，此时主频依然为轴频。扬程下降至 3% 时，在部分时间段该频率分量的幅度超过轴频成为主频。

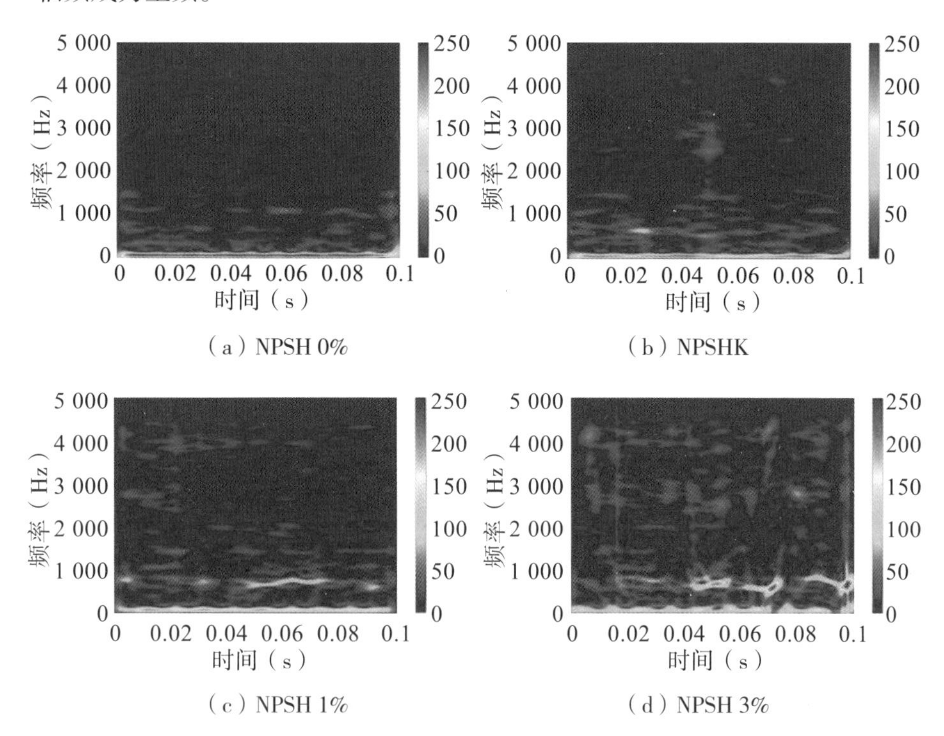

（a）NPSH 0%　（b）NPSHK

（c）NPSH 1%　（d）NPSH 3%

图 5-12　泵壳 x 轴监测点振动加速度信号时频分布

由图 5-13 可以看出，在泵壳 z 轴监测点处，未空化状态下，在约 1 500 Hz 处存在一条持续的频带，随着空化程度加剧被周围频率淹没。除轴频以外频率主要集中在 1 300 ~ 4 000 Hz 范围内，且随着空化发展，这个频段的幅值有明显加强。在空泡出现和扬程下降 1% 和 3% 的状态下，该频段的部分幅值超过了试验泵的轴频，扬程下降 3% 的状态下，试验泵主频在 0.01s 内会从 2 700 Hz 变化到 2 000 Hz，或从 3 400 Hz 变化到 4 400 Hz。

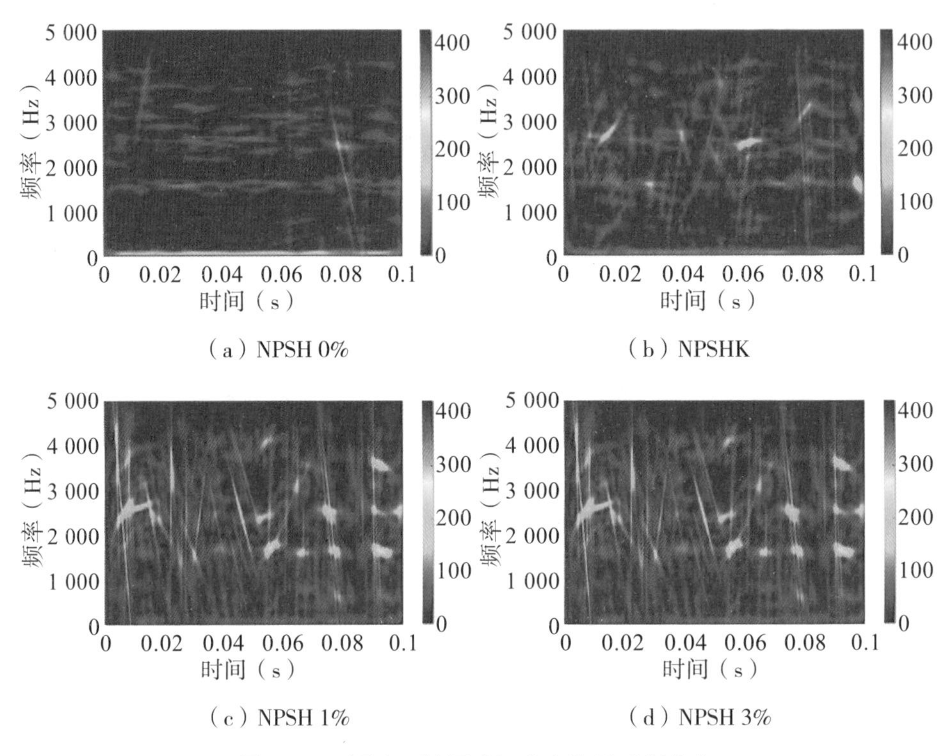

图 5-13　泵壳 z 轴振动加速度信号时频分布

图 5-14 为出口管 z 轴监测点的时频分布图。结果发现，在不同空化状态下，1 000 Hz 以外的频段没有明显变化，在 200 ~ 1 000 Hz 的频带内，该监测点呈现出明显的固定频带特性，聚集性较强且主频随时间变化较复杂。与其他监测点不同，轴频在时频图上几乎不可见，这是由于该监测点位于出口管，距离泵室较远。空泡出现状态下，200 ~ 1 000 Hz 的频带的主频幅值增强，当扬程下降 3%，该频带的频率出现了复杂的非周期性变化，

且频率的聚集性增强。

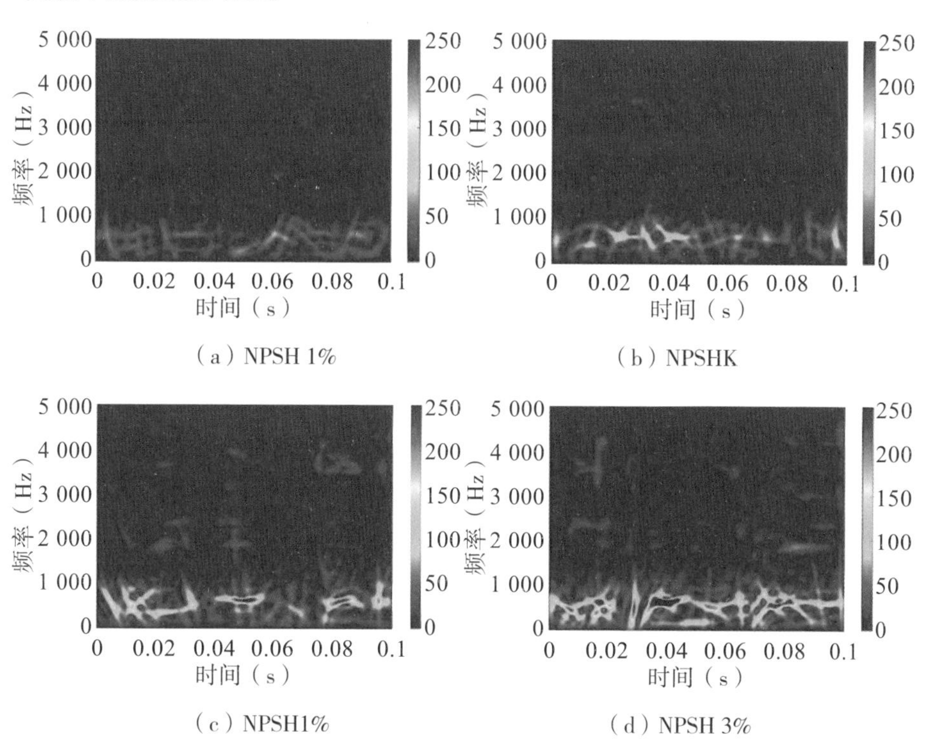

图 5-14　出口管 z 轴处监测点振动加速度信号时频分布

第 6 章　离心泵水力振动的数值模拟方法

6.1　流场流动与流固耦合数值计算理论

6.1.1　声固耦合模态分析理论

模态指结构的固有振动属性，一般包括振型、固有频率和阻尼比。本章采用有限元的方法对结构模态特性进行模拟，以期为结构振动评估提供指导，涉及介质包括空气中和水中。

1. 空气中模态分析

对于一个振动系统，其结构动力学方程为

$$[M]\{\ddot{y}\}+[C]\{\dot{y}\}+[K]\{y\}=\{F_s\} \tag{6-1}$$

式中：M 为质量系数，N · s²/m；

C 为阻尼系数，N · s/m；

K 为阻尼系数，N /m；

y 为位移，m；

$\dot{y}$ 为速度，m/s；

$\ddot{y}$ 为加速度，m/s²；

F_s 为外载荷，N。

假设结构振动是多阶叠加构成，单阶模态的简谐运动可写成：

$$\{y_i\} = \{\phi_i\}\sin(\omega_i t + \theta_i) = \{\phi_i\}\mathrm{e}^{\lambda t} \tag{6-2}$$

式中：$\{\phi_i\}$ 为第 i 阶模态的振型；

ω_i 为第 i 阶模态的角频率，rad/s；

θ_i 为第 i 阶模态的相位角，rad。

当振动系统无外力激励时，将方程（6–2）代入方程（6–1）可得

$$\left(\lambda^2[M] + \lambda[C] + [K]\right)\{\phi_i\} = 0 \tag{6-3}$$

公式（6–3）有非零解的充要条件为矩阵的秩 $\left|\lambda^2[M] + \lambda[C] + [K]\right| = 0$，基于此计算得到振型 $\{\phi_i\}$ 对应的角频率 ω_i。

2. 水中模态分析

假设水体不可压缩、无粘、无旋且没有流动，N–S 方程可简化为声波方程：

$$\frac{1}{{u_a}^2}\frac{\partial^2 p}{\partial t^2} = \nabla^2 p \tag{6-4}$$

式中：u_a 为水中声速，m/s；

p 为压强，Pa；

t 为时间，s。

引入一个矩阵算子 $\{L\} = \nabla(\cdot)$，将方程（6–4）离散后对流体体积进行积分，并在等式两边乘以虚压力变化 $\delta p = \delta p(x, y, z, t)$，可表示为

$$\int_V \frac{1}{c^2}\delta p \frac{\partial^2 p}{\partial t^2}\mathrm{d}V + \int_V \left(\{L\}^T \delta p\right)\left(\{L\} p\right)\mathrm{d}V = \int_S \left(\{n\}^T \delta p\right)\left(\{L\} p\right)\mathrm{d}S \tag{6-5}$$

式中：V 为体积，m^3；

S 为流固耦合交界面的面积，m^2。

t 为时间，s。

流固耦合交界面满足运动学条件，即流场和结构场的位移相同。此时，流场沿振动方向的压力梯度和结构场沿振动方向的加速满足：

$$\{n\}\cdot\{\nabla p\}=-\rho_0\cdot\frac{\partial^2 y_m}{\partial t^2}-\left(\frac{C_\beta}{u_a}\right)\frac{1}{u_a}\frac{\partial p}{\partial t} \tag{6-6}$$

式中：y_m 为体积，m^3；

ρ_0 为流体密度，kg/m^3；

C_β 为与边界阻抗特性相关的吸收系数。

将未知变量 y_m 和 p 用有限元离散的形式表示：

$$[p]=\{N_p\}^T\{p\}，[y_m]=\{N_y\}^T\{y\} \tag{6-7}$$

式中：$\{N_p\}$ 为离散单元的压力函数；

$\{p\}$ 为压力向量；

$\{N_y\}$ 为离散单元的位移函数。

将方程（6–6）和（6–7）带入（6–5）后可得

$$[M_f]\{\ddot{p}\}+[C_f]\{\dot{p}\}+[K_f]\{p\}=\{F_{sf}\} \tag{6-8}$$

式中：$[M_f]$ 为等效质量矩阵，$[M_f]=\int_V\frac{1}{u_a^2}\{N_p\}\{N_p\}^T\mathrm{d}V$；

$[C_f]$ 为等效阻尼矩阵，$[C_f]=\int_S\frac{C_\beta}{u_a}\{N_p\}\{N_p\}^T\mathrm{d}S$；

$[K_f]$ 为等效刚度矩阵，$[K_f]=\int_V[B]^T[B]\mathrm{d}V$，$[B]=\{L\}\{N_p\}^T$。

$\{F_{sf}\}$ 为流体载荷，$\{F_{sf}\}=-\rho_0[R]^T\{\ddot{y}\}$，$[R]=\int_S\{N_p\}\{N_y\}^T\{n\}\mathrm{d}S$；

将流体压力引起的载荷施加在交界面上，结构动力学方程可离散为

$$[M_s]\{\ddot{y}\}+[C_s]\{\dot{y}\}+[K_s]\{y\}=\{F_s\}+\{F_p\} \tag{6-9}$$

$$\{F_p\} = \int_S \{N_y\} P \{n\} \mathrm{d}S = \int_S \{N_y\}\{N_p\}^T \{n\} \mathrm{d}S \{p\} = [R]\{p\} \quad (6\text{-}10)$$

耦合方程（6–8）和（6–9）后可建立完整的有限元离散方程：

$$\begin{bmatrix} [M_s] & 0 \\ [M_{fs}] & [M_f] \end{bmatrix} \begin{Bmatrix} \{\ddot{u}\} \\ \{\ddot{p}\} \end{Bmatrix} + \begin{bmatrix} [C_s] & 0 \\ 0 & [C_f] \end{bmatrix} \begin{Bmatrix} \{\dot{u}\} \\ \{\dot{p}\} \end{Bmatrix} + \begin{bmatrix} [K_s] & [K_{fs}] \\ 0 & [K_f] \end{bmatrix} \begin{Bmatrix} \{u\} \\ \{p\} \end{Bmatrix} = \begin{Bmatrix} \{F_s\} \\ 0 \end{Bmatrix} \quad (6\text{-}11)$$

式中：$[M_{fs}]$ 为等效耦合质量矩阵，$[M_{fs}] = \rho_0 [R]^T$；

$[K_{fs}]$ 为等效耦合刚度矩阵，$[K_{fs}] = -[R]$。

6.1.2　流场数值计算理论

1. 流动控制方程

计算流场时将流体域划分成一个个子区域，并将偏微分形式的控制方程转化成子区域网格节点上的代数方程组，通过差值得到整个流场的近似解。对于不可压流体，连续性和动量方程可表示为

$$\frac{\partial \rho_f}{\partial t} + \frac{\partial \rho_f u_j}{\partial x_j} = 0 \quad (6\text{-}12)$$

$$\frac{\partial (\rho_f u_i)}{\partial t} + \frac{\partial}{\partial x_j}(\rho_f u_i u_j) = -\frac{\partial p}{\partial x_i} + \frac{\partial}{\partial x_j}\left(\mu \frac{\partial u_i}{\partial x_j}\right) \quad (6\text{-}13)$$

式中：ρ_f 为流体密度，kg/m³；

t 为时间，s；

u 为流动速度，m/s；

x 为空间位置，m；

μ 为流体的动力黏度系数，N · s/m²；

i、j 为坐标方向。

2. 湍流模型

由于离心叶轮结构复杂，采用雷诺平均法求解湍流流动，将流场中每

一个物理量可表示为平均值和脉动值之和，如下式所示：

$$\phi=\overline{\phi}+\phi' \tag{6-14}$$

式中：ϕ 为通用变量；

$\overline{\phi}$ 为平均值；

ϕ' 为脉动值；

对于不可压流体，将式（6–14）代入（6–13）和（6–12）中，可得雷诺平均的连续性和动量方程：

$$\frac{\partial \overline{\rho_f' u_j'}}{\partial x_j}=0 \tag{6-15}$$

$$\rho_f\frac{\partial \overline{u_i}}{\partial t}+\rho_f\overline{u_j}\frac{\partial \overline{u_i}}{\partial x_j}=-\frac{\partial \overline{p}}{\partial x_i}+\mu\frac{\partial^2 \overline{u_i}}{\partial x_j \partial x_j}-\frac{\partial}{\partial x_j}\rho_f\overline{u_i' u_j'} \tag{6-16}$$

式中：$-\rho_f\overline{u_i' u_j'}$ 为雷诺应力，是流体脉动引起的未知应力项。

为了使方程（6–16）封闭，须对雷诺应力做某种假定，即引入湍流模型。涡粘模型是目前水力机械领域应用最广泛的湍流模型，该模型基于 Boussinesq 假定，建立雷诺应力与平均速度梯度的关系，可表示为

$$-\rho_f\overline{u_i' u_j'}=\mu_t\left(\frac{\partial u_i}{\partial x_j}+\frac{\partial u_j}{\partial x_i}\right)-\frac{2}{3}\left(\rho k+\mu_t\frac{\partial u_i}{\partial x_i}\right)\delta_{ij} \tag{6-17}$$

式中：μ_t 为湍动黏度，下标 t 代表湍流，N · s/m^2。

求解方程（6–17）的关键在于如何确定 μ_t。在对离心泵进行水力激振计算时，针对不同情况可采用不同湍流模型：①为提高计算效率，可采用标准 k-ε 模型对流动求解；②在低雷诺数工况，为提高边界层和尾迹区的计算精度，可采用 γ-$Re_{\theta t}$ 转捩 SST 模型对流动求解；③为描述旋转效应对流动影响，可采用旋转修正的 SST–CC 模型进行流动求解。

（1）标准 k-ε 模型

标准 k-ε 在湍动能 k 的基础上在引入关于湍流耗散率的 ε 方程，在

1972 年由 Launder 和 Spalding 提出，湍流耗散率 ε 可表示为

$$\varepsilon = \frac{\mu}{\rho}\overline{\left(\frac{\partial u_i'}{\partial x_k}\right)\left(\frac{\partial u_i'}{\partial x_k}\right)} \tag{6-18}$$

湍动黏度 μ_t 可表示为湍动能 k 和湍流耗散率 ε 的方程，即

$$\mu_t = \rho_f C_\mu \frac{k^2}{\varepsilon} \tag{6-19}$$

式中：C_μ 为经验系数，C_μ=0.09。

对于不可压流体，标准 k-ε 模型的输运方程可表示为

$$\frac{\partial(\rho_f k)}{\partial t} + \frac{\partial(\rho_f k u_i)}{\partial x_i} = \frac{\partial}{\partial x_j}\left[\left(\mu + \frac{\mu_t}{\sigma_k}\right)\frac{\partial k}{\partial x_j}\right] + G_k - \rho\varepsilon \tag{6-20}$$

$$\frac{\partial(\rho_f \varepsilon)}{\partial t} + \frac{\partial(\rho_f \varepsilon u_i)}{\partial x_i} = \frac{\partial}{\partial x_j}\left[\left(\mu + \frac{\mu_t}{\sigma_\varepsilon}\right)\frac{\partial \varepsilon}{\partial x_j}\right] + C_{1\varepsilon}\frac{\varepsilon}{k}G_k - C_{2\varepsilon}\rho\frac{\varepsilon^2}{k} \tag{6-21}$$

式中：G_k 为湍动能生成项，N/(m^2 s)；

$C_{1\varepsilon}$、$C_{2\varepsilon}$、σ_k、σ_ε 为经验系数，$C_{1\varepsilon}$=1.44、$C_{2\varepsilon}$=1.29、σ_k=1.0 和 σ_ε=1.3。

（2）γ-$Re_{\theta t}$ 转捩 SST 模型

γ-$Re_{\theta t}$ 转捩 SST 模型由 SST k-ω 模型和 γ-$Re_{\theta t}$ 模型耦合而成。在叶片绕流求解时有两个优点：（1）能够对黏性底层的流动进行求解，进而精确模拟边界层内的速度分布和压力梯度；（2）流动状态从层流向湍流转捩时，能够根据 γ-$Re_{\theta t}$ 模型对转捩点的位置和转捩区的长度进行较为精确的预测。

SST k-ω 模型的输运方程可表示为

$$\frac{\partial\left(\rho_f k\right)}{\partial t} + \frac{\partial\left(\rho_f u_i k\right)}{\partial x_i} = G_k - D_k + \frac{\partial}{\partial x_i}\left[\left(\mu + \sigma_k \mu_t\right)\frac{\partial k}{\partial x_i}\right] \tag{6-22}$$

$$\frac{\partial\left(\rho_f \omega\right)}{\partial t} + \frac{\partial\left(\rho_f u_i \omega\right)}{\partial x_i} = G_\omega - D_\omega + \frac{\partial}{\partial x_i}\left[\left(\mu + \sigma_\omega \mu_t\right)\frac{\partial \omega}{\partial x_i}\right] + 2(1-F_1)\sigma_{\omega 2}\frac{\rho_f}{\omega}\frac{\partial k}{\partial x_i}\frac{\partial \omega}{\partial x_i} \tag{6-23}$$

式中：ω 为比耗散率，1/s；

D_k 为湍动能破坏项；

G_ω 为比耗散率生成项；

D_ω 为比耗散率破坏项；

F_1 为混合函数；

ρ_f 为流体密度，kg/m³；

u 为流动速度，m/s；

σ_k 、σ_ω 和 $\sigma_{\omega 2}$ 为经验系数。

γ-$Re_{\theta t}$ 转捩模型由 Langtry 和 Menter 提出，由间歇因子 γ 和转捩动量雷诺数 $Re_{\theta t}$ 的运输方程组成。其中，γ 方程用于表征流动状态，$Re_{\theta t}$ 方程是判断转捩起始的条件。

间歇因子 γ 的输运方程将转捩与局部变量相关联，可表示为

$$\frac{\partial\left(\rho_f\gamma\right)}{\partial t}+\frac{\partial\left(\rho_f\overline{u_j}\gamma\right)}{\partial x_j}=P_\gamma-D_\gamma+\frac{\partial}{\partial x_j}\left[\left(\mu+\frac{\mu_t}{\sigma_f}\right)\frac{\partial\gamma}{\partial x_j}\right] \tag{6-24}$$

式中：P_γ 为间歇因子转捩源项；

D_γ 为间歇因子破坏项；

σ_f 为常数，σ_f =1.0。

转捩动量雷诺数 $Re_{\theta t}$ 的输运方程与流动的输运特性相关，并考虑了局部湍流强度和压力梯度等参数，可表示为

$$\frac{\partial\left(\rho_f\tilde{R}e_{\theta t}\right)}{\partial t}+\frac{\partial\left(\rho_f\overline{u_j}\tilde{R}e_{\theta t}\right)}{\partial x_j}=P_{\theta t}+\frac{\partial}{\partial x_j}\left[\sigma_{\theta t}\left(\mu+\mu_t\right)\frac{\partial\tilde{R}e_{\theta t}}{\partial x_j}\right] \tag{6-25}$$

式中：$P_{\theta t}$ 为源项；

$\tilde{R}e_{\theta t}$ 为转捩量；

$\sigma_{\theta t}$ 为常数，$\sigma_{\theta t}$ =2.0。

γ-$Re_{\theta t}$ 转捩 SST 模型本质上是对 SST k-ω 模型中的 k 方程进行修正，

即将 k 方程与间歇因子 γ 耦合后，控制边界层内的湍动能生成项，触发局部转捩现象，控制方程如下：

$$\frac{\partial\left(\rho_f k\right)}{\partial t}+\frac{\partial\left(\rho_f u_j k\right)}{\partial x_j}=\tilde{P}_k-\tilde{D}_k+\frac{\partial}{\partial x_j}\left[\left(\mu+\sigma_k \mu_t\right)\frac{\partial k}{\partial x_j}\right] \tag{6-26}$$

$$\tilde{P}_k=\gamma_{eff}P_k \tag{6-27}$$

$$\tilde{D}_k=\min\left(\max\left(\gamma_{eff},0.1\right),1.0\right)D_k \tag{6-28}$$

（3）SST-CC 模型

传统 RANS 模型基于湍流流动的各项同性假设。对于旋转水力机械，在离心力和科氏力作用下，湍流的各向异性可能导致传统湍流模型的预测不精确。Spalart 和 Shur 通过修改湍动能生成项对旋转和曲率进行修正。后续，Smirnov 和 Menter 将 Spalart-Shur 修正项与 SST k-ω 模型耦合，形成 SST-CC 模型。

湍动能生成项的修正可表示为

$$P_k^*=f_r P_k \tag{6-29}$$

式中：P_k^* 为修正后的湍动能生成项；

f_r 为修正因子。

$$f_r=\max[0,1+C_s f_r^*] \tag{6-30}$$

$$f_r^*=\max[\min(f_{rot},1.25),0] \tag{6-31}$$

$$f_{rot}=(1+C_{r1})\frac{2r^*}{1+r^*}[1-C_{r3}\tan^{-1}(C_{r2}\tilde{r})]-C_{r1} \tag{6-32}$$

$$r^*=S/\tilde{\Omega} \tag{6-33}$$

$$\tilde{r}=\frac{2\tilde{\Omega}_{ik}S_{jk}}{\tilde{\Omega}a^3}\left[\frac{\mathrm{d}S_{ij}}{\mathrm{d}t}+\left(\varepsilon_{imn}S_{jn}+\varepsilon_{jmn}S_{in}\right)\tilde{\Omega}_m^{rot}\right] \tag{6-34}$$

$$a^2=\max(S^2,0.09\omega_t^{\ 2}) \tag{6-35}$$

式中：C_s 为经验曲率修正系数；

$\tilde{\Omega}$ 为旋转率；

$\tilde{\Omega}^{rot}$ 为参考系的旋转率；

ω_t 为湍流涡频率；

C_{r1}、C_{r2}、C_{r3} 为常系数，$C_{r1}=1$、$C_{r2}=2$ 和 $C_{r3}=1$；

f_r 为修正因子。

6.1.3 结构场数值计算理论

在商业软件 ANSYS 中，求解结构动力方程的方法一般可分为显式法及隐式法。前者采用前差分的时间积分格式，后者采用 Newmark 时间积分格式及在其基础上改进的 Hilber Hughes Taylar （HHT）积分格式。显示算法为保证计算不发散需要足够小的时间步长，隐式算法在时间上进行平衡迭代,可以设置较大的时间步长。对于离心泵振动分析,为了节省计算资源,采用隐式算法求解结构动力学方程。若采用 Newmark 积分格式，则结构动力学方程可表示为

$$
\begin{gathered}
M\ddot{y}_{n+1}+C\dot{y}_{n+1}+Ky_{n+1}=F(t)_{n+1} \\
y_{n+1}=y_n+\dot{y}_n\Delta t+\left[\left(\frac{1}{2}-\alpha\right)\ddot{y}_n+\alpha\ddot{y}_{n+1}\right]\Delta t^2 \qquad (6\text{–}36) \\
\dot{y}_{n+1}=\dot{y}_n\Delta t+\left[\left(1-\delta\right)\ddot{y}_n+\delta\ddot{y}_{n+1}\right]\Delta t
\end{gathered}
$$

式中：$\ddot{y}_{n+1}$ 为第 n+1 个时间节点对应的加速度；

$\dot{y}_{n+1}$ 为第 n+1 个时间节点对应的速度；

y_{n+1} 为第 n+1 个时间节点对应的位移；

$F(t)_{n+1}$ 为第 n+1 个时间节点对应的外载荷矢量；

Δt 为时间步长；

α、δ 为与积分稳定性及计算精度相关的常数。

采用 Jacaobian 迭代形式可将结构动力学方程表示为

$$
\begin{gathered}
\left(a_0 M + a_1 C + K\right) y_{n+1} = F(t)_{n+1} + M\left(a_0 y_n + a_2 \dot{y}_n + a_3 \ddot{y}_n\right) \\
+C\left(a_1 y_n + a_4 \dot{y}_n + a_5 \ddot{y}_n\right) \\
\ddot{y}_{n+1} = a_0\left(y_{n+1} - y_n\right) - a_2 \dot{y}_n - a_3 \ddot{y}_n \\
\dot{y}_{n+1} = \dot{y}_n + a_6 \ddot{y}_n + a_7 \ddot{y}_{n+1}
\end{gathered} \tag{6-37}
$$

$$
a_0 = \frac{1}{\alpha \Delta t^2}, \quad a_1 = \frac{\delta}{\alpha \Delta t}, \quad a_2 = \frac{1}{\alpha \Delta t}
$$

$$
a_3 = \frac{1}{2\alpha} - 1, \quad a_4 = \frac{\delta}{\alpha} - 1, \quad a_5 = \frac{\Delta t}{2}\left(\frac{\delta}{\alpha} - 2\right)
$$

若与积分稳定性相关的常数α、δ满足$\alpha \geqslant \frac{1}{4}\left(\frac{1}{2}+\delta\right)^2$且$\delta \geqslant \frac{1}{2}$，则数值模拟收敛。引入振幅衰减因子$\lambda$，令$\alpha \geqslant \frac{1}{4}(1+\lambda)^2$，$\delta = \frac{1}{2}+\lambda$，若$\lambda \geqslant 0$，则数值模拟收敛。对于 Newmark 隐式算法，一般取$\delta = \frac{1}{2}$，$\alpha = \frac{1}{4}$，这时数值模拟有二阶精度，但由于没有数值阻尼存在，高频结构会受到数值噪声干扰。

广义 HHT-α 积分法引入数值阻尼抑制高频虚假数值噪声，并同时保证了计算稳定性和精度。本书采用该积分法进行结构动力学求解，可表示为

$$
[M]\left\{\ddot{y}_{n+1-\alpha_m}\right\} + [C]\left\{\dot{y}_{n+1-\alpha_f}\right\} + [K]\left\{y_{n+1-\alpha_f}\right\} = \left\{F_{n+1-\alpha_f}\right\} \tag{6-38}
$$

$$
\left\{\ddot{y}_{n+1-\alpha_m}\right\} = \left(1-\alpha_m\right)\left\{\ddot{y}_{n+1}\right\} + \alpha_m\left\{\ddot{y}_n\right\} \tag{6-39}
$$

$$
\left\{\dot{y}_{n+1-\alpha_f}\right\} = \left(1-\alpha_f\right)\left\{\dot{y}_{n+1}\right\} + \alpha_f\left\{\dot{y}_n\right\} \tag{6-40}
$$

$$
\left\{y_{n+1-\alpha_f}\right\} = \left(1-\alpha_f\right)\left\{y_{n+1}\right\} + \alpha_f\left\{y_n\right\} \tag{6-41}
$$

$$
\left\{F_{n+1-\alpha_f}\right\} = \left(1-\alpha_f\right)\left\{F_{n+1}\right\} + \alpha_f\left\{F_n\right\} \tag{6-42}
$$

式中：n、n+1——时间节点；

α_m 、α_f ——与稳定性和精度相关的参数；

基于方程（6–38）~（6–42），三个未知量$\{\ddot{y}_{n+1}\}$、$\{\dot{y}_{n+1}\}$和$\{y_{n+1}\}$可通过已知量$\{\ddot{y}_n\}$、$\{\dot{y}_n\}$和$\{y_n\}$计算得到，迭代方程可表示为

$$\left[a[{}_0M]+a_1[C]+(1-\alpha_f)[K]\right]\{y_{n+1}\}=(1-\alpha_f)\{F_{n+1}\}+\alpha_f\{F\}_n-$$
$$\alpha_f[K]\{y_n\}+[M](a_0\{y_n\}+a_2\{\dot{y}_n\}+a_3\{\ddot{y}_n\})$$
$$+[C](a_1\{y_n\}+a_4\{\dot{y}_n\}+a_5\{\ddot{y}_n\})$$

（6–43）

$$\{\ddot{y}_{n+1}\}=a_0(\{y_{n+1}\}-\{y_n\})-a_2\{\dot{y}_n\}-a_3\{\ddot{y}_n\} \qquad (6–44)$$

$$\{\dot{y}_{n+1}\}=\{\dot{y}_n\}+a_6\{\ddot{y}_n\}+a_7\{\ddot{y}_{n+1}\} \qquad (6–45)$$

式中：a_0、a_1、a_2、a_3、a_4、a_5为系数，$a_0=\dfrac{1-\alpha_m}{\alpha\Delta t^2}$、$a_1=\dfrac{(1-\alpha_f)C_\delta}{\alpha\Delta t}$、$a_2=a_0\Delta t$、$a_3=\dfrac{1-\alpha_m}{2\alpha}-1$、$a_4=\dfrac{a_1}{\Delta t}-1$、$a_5=(1-\alpha_f)\left(\dfrac{C_\delta}{2\alpha}-1\right)\Delta t$。

为使广义 HHT-α 积分法无条件稳定，以下参数必须满足：

$$C_\delta=\frac{1}{2}-\alpha_m+\alpha_f,\ \alpha\geqslant\frac{1}{2}C_\delta,\ \alpha_m<\alpha_f<\frac{1}{2} \qquad (6–46)$$

式中：$a_m\leqslant 0$，$0\leqslant a_f\leqslant 1/3$。

为抑制高频数值噪声，引入非负的幅值衰减因子C_γ，且满足：

$$\alpha=\frac{1}{4}(1+C_\gamma)^2,\ C_\delta=\frac{1}{2}+C_\gamma,\ \alpha_f=\frac{1-C_\gamma}{2},\ \alpha_m=\frac{1-3C_\gamma}{2} \qquad (6–47)$$

6.1.4 流固耦合交界面模型

本书采用分离式流固耦合方法进行流固耦合数值计算，流场采用有限体积法，结构场采用有限元法，并通过交界面进行数据传递。数据传递时满足运动学和动力学条件：

$$u(y,t)=\frac{\partial q(t)}{\partial t}\phi(y) \qquad (6–48)$$

$$\int_{\mathrm{interface}} \left\{ \left[-pI + \mu\left(\nabla u + \nabla^{t} u\right) \right] \cdot \vec{n} \right\} \varphi\left(y\right) ds = F_m \tag{6-49}$$

式中：$u\left(y,t\right)$ 为流体沿振动方向的速度，m/s；

$q\left(t\right)$ 为位移，m；

$\phi\left(y\right)$ 为振型；

$\mu\left(\nabla u + \nabla^{t} u\right)$ 为黏性应力，N/s^2；

I 为单位矩阵；

$\vec{n}$ 为单位向量；

F_m 为结构承受的模态力。

交界面数据传递通过界面差值实现，误差会随着时间积累，进而影响流固耦合计算的稳定性。为提高计算精度，须在流固耦合计算收敛后再进入下一步的迭代计算，收敛标准可表示为

$$\varepsilon^{*} = \frac{\sqrt{\sum\left(F_{n+1} - F_n\right)^2}}{\sqrt{\sum F_{n+1}^2}} < \varepsilon_c \tag{6-50}$$

式中：F_{n+1} 为第 n+1 时间节点的载荷，N；

F_n 为第 n 时间节点的载荷，N；

ε_c 为预设的收敛标准。

6.2　水翼及离心叶轮模态分析

6.2.1　模态分析步骤

模态分析主要分为五个部分：三维建模、网格划分、边界条件、求解设置和后处理分析。

1. 三维建模

一般借用 Pro/E、UG 或者 SolidWorks 等三维软件，对离心叶轮及其绕流水体域进行三维建模。

（1）以水翼等简单结构为例，根据弦长与厚度关系式得到水翼的展向投影，再根据其随展向长度的分布规律构建三维水翼。

（2）以离心叶轮等复杂结构为例：首先，根据木模图绘制确定叶片的三维坐标；其次，将各坐标点得到扭曲叶片；然后，对扭曲叶片加厚；最后，绘制前后盖板并与叶片合成一个体。

2. 网格划分

一般采用 Gambit、ICEM、Workbench mesh 等软件对计算域进行网格划分，网格类型包括四面体网格、六面体网格和混合网格。本章以 Workbench mesh 为例，介绍几种典型的网格划分方式。

（1）全局网格划分，选中所研究的对象，设置全局网格尺寸。

（2）局部网格加密，选中重点关注的面或线，设置节点个数或网格尺寸。

（3）边界层网格加密，基于壁面划分棱柱层，确定第一层网格厚度、网格增长率和总网格层数。

3. 边界条件

（1）固定约束，约束结构 6 个自由度。

（2）位移约束，约束 3 个平动自由度，转动自由度保持自由。

（3）远端位移约束，将选中实体与远端的一个点相关联，基于该点对自由度约束。

（4）圆柱约束，基于圆柱坐标系，可约束径向、轴向和切向的 3 个自由度。

当结构浸没在水中时，需额外定义的边界条件主要包括以下几种：

流固耦合面：水翼与水体接触的面；

刚性壁面：水体与四周固体边界接触的面；

自由表面：水体域与空气接触的面（本算例无须设置）；

吸收边界：计算域的进口或出口边界。

4. 求解设置

（1）定义材料属性。

（2）选择求解模态及对应的频率范围。

（3）选取合适的模态提取方法，常用的模态提取方法如图 6–1 所示。Block Lanczos 是 Ansys 进行模态分析时的默认模态提取方法，计算速度快且能够提取多阶模态，常用于实体结构的模态求解。Unsymmetric 法能够处理非对称矩阵，适用于流 – 固耦合问题。

（4）定义旋转速度，并考虑科氏力对模态的影响。

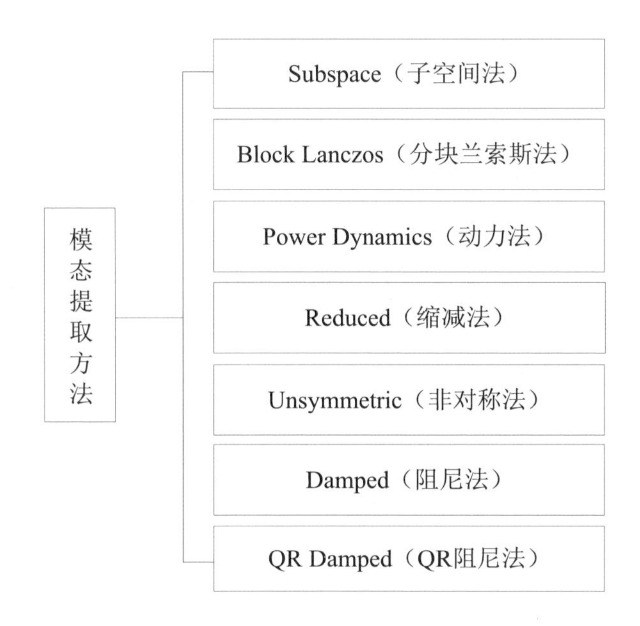

图 6–1　常用的模态提取方法

5. 后处理分析

后处理分析可采用 Abaqus、Ansys APDL 和 Ansys workbench 自带的后处理分析界面，也可将数据导出在 Origin 或 Matlab 等软件中进行分析。可分析的量包括：

（1）振型；

（2）固有频率；

（3）应力分布；

（4）应变分布。

6.2.2　应用案例 1：水翼模态分析

1. 水翼计算模型

以三维 NACA 0009 钝型尾部形状水翼为对象，进行数值模拟研究，水翼厚度沿弦长方向公式如下所示：

$$\begin{cases} \dfrac{y}{L}=0.1737\left(\dfrac{x}{L}\right)^{1/2}-0.2422\dfrac{x}{L}+0.3046\left(\dfrac{x}{L}\right)^{2}-0.26577 & 0\leqslant\dfrac{x}{L}\leqslant 0.5 \\ \dfrac{y}{L}=0.0004+0.1737\left(1-\dfrac{x}{L}\right)-0.1898\left(1-\dfrac{x}{L}\right)^{2}+0.0387\left(1-\dfrac{x}{L}\right)^{3} & 0.5<\dfrac{x}{L}\leqslant 1 \end{cases} \tag{6-51}$$

根据公式（6–51），如图 6–2 所示，在二维平面上建立水翼的物理模型。其中，L 为水翼弦长，y/L 根据 x 坐标确定，水翼在 x 轴两侧对称分布。原型 NACA 0009 水翼弦长 L=110 mm，本书研究对尾部进行切割，弦长 L 缩短到 100 mm，水翼尾部厚度 h=3.22 mm。三维计算域为 750 × 150 × 150 mm 的方形水洞段，攻角为 0° 。

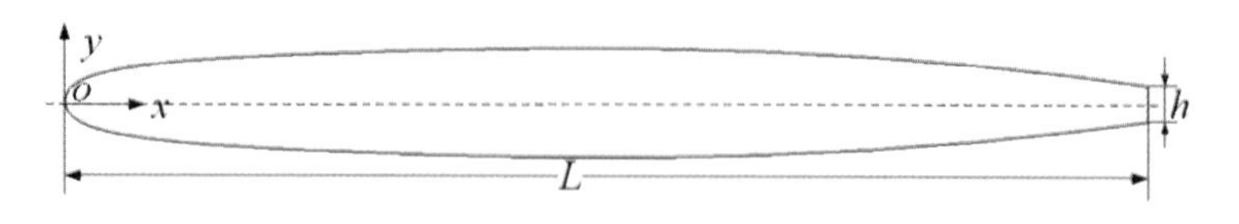

图 6–2　二维 NACA 0009 钝型尾部形状水翼物理模型

2. 水翼网格划分

流场网格划分借用商业软件 ANSYS ICEM。为了保证网格正交性，在流场近壁区采用 O 型拓扑结构。对于结构场，在水翼支座部分拓扑结构建立较为复杂，需要对每个螺纹孔划分块。结构及流场结构化网格拓扑结构如图 6–3 所示。

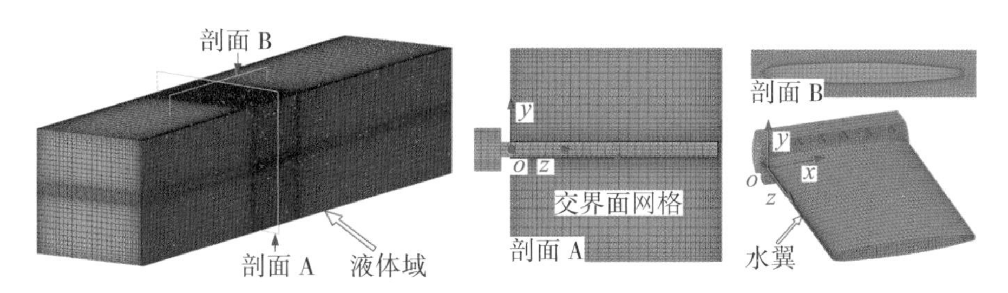

图 6–3　水翼流场和结构场网格示意图

以水翼第一阶弯曲模态固有频率为关键参数进行网格数无关性检查。基于模态分析得到不同网格节点数下的固有频率，如图 6–4 所示。结果表明网格节点数约大于 5 万时，固有频率几乎没有变化。

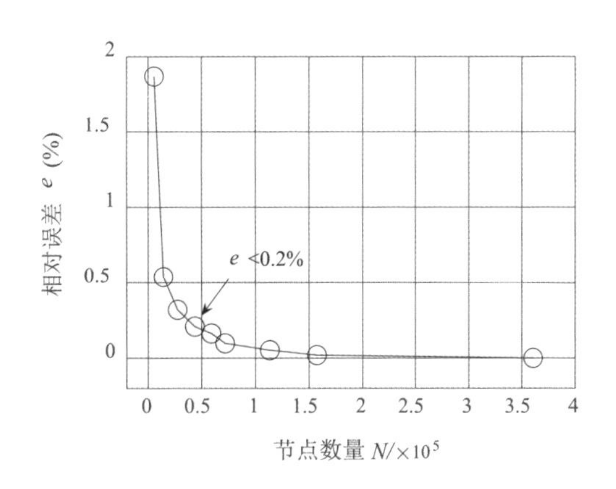

图 6–4　网格节点数量无关性验证

3. 水翼边界条件

对于边界条件，水翼一端被固定约束，另一端自由。当其浸没在水中时，水体与水翼接触的面设置为流固耦合面，进出口设置为吸收边界，其他设置为刚性壁面。

4. 水翼求解设置

（1）对于材料属性，水翼密度、弹性模量和泊松比分别为 7 700 kg/m^3、215 GPa 和 0.3。绕流流体不考虑黏性作用和湍流流动，物性参数见表 6–1 所列。

表 6–1　水翼和绕流水体参数属性

弹性模量 /MPa	泊松比	水翼密度 /kg · m^{-3}	水体域密度 /kg · m^{-3}	水中声速 /m/ms
2×10^5	0.3	7 850	1 000	1.486×10^6

（2）对于模态提取方法，水翼实体单元类型采用 8 实体四面体实体单元 solid185，模态提取方法采用 Block Lanczos 算法。不考虑黏性作用和湍流流动对水翼的影响，将流体假设为声流体，水体域单元类型采用声学单元 ANSYS Fluid 3D acoustic 30，模态提取方法采用 Unsymmetric 算法。

5. 空气中和水中水翼模态特性

水翼在空气中及水中前五阶相同振型的模态如图 6–5 所示。（Ⅰ）和（Ⅱ）分别对应空气中及水中模态，（a）、（b）、（c）、（d）、（e）分别对应第一阶弯曲模态、第一阶扭转模态、第二阶弯曲模态、第二阶扭转模态和第三阶弯曲模态。

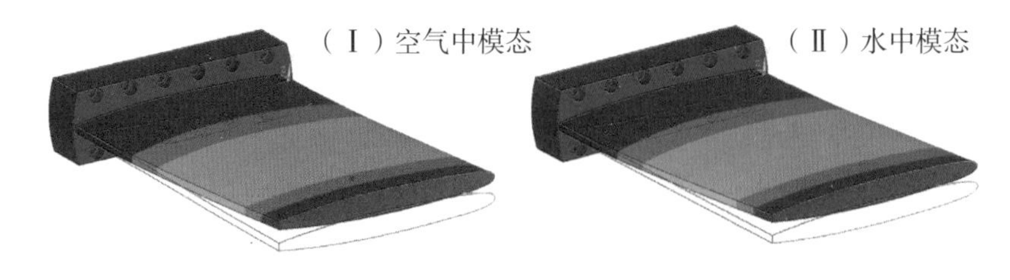

（a）第一阶弯曲模态

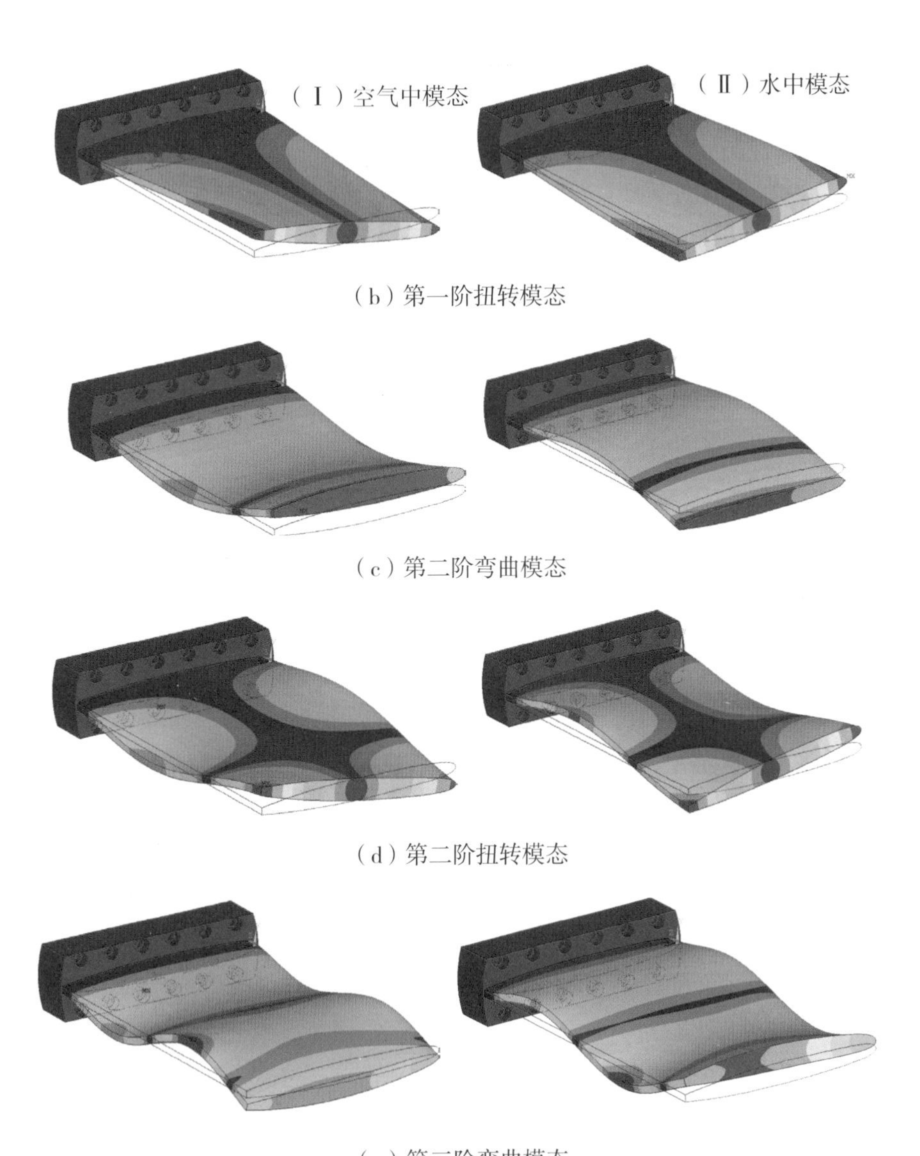

（b）第一阶扭转模态

（c）第二阶弯曲模态

（d）第二阶扭转模态

（e）第三阶弯曲模态

图 6–5　水翼在空气中及水中前五阶相同振型模态

表 6–2 中 f_s 为空气中固有频率，f_f 为水中固有频率，η 为水翼在水中及空气中相同振型模态的下降系数，γ 为水体附加质量影响因子，用水体附加质量力相对于水翼质量的比值来表示（式 6–52）。对于弯曲模态，

随着阶数增大，下降系数 η 逐渐增大，而附加质量力影响因子 γ 有明显的下降趋势。对于扭转模态，下降系数 η 及附加质量力影响因子 γ 随着阶数增高变化不明显。

$$m_f = m_s\left(\frac{f_s^2}{f_f^2} - 1\right) \tag{6-52}$$

式中：m_s 为空气中的模态质量，kg；

m_f 为水体附加的模态质量，kg；

f_s 为空气中的固有频率，Hz；

f_f 为水中的固有频率，Hz。

表 6-2　水翼在空气中和水中各阶固有频率比较

振型阶次	f_s/Hz	f_f/Hz	f_f/f_s	$\eta=1-f_f/f_s$	$\gamma=m_f/m_s$
第一阶弯曲模态	289.32	193.34	0.668 2	0.331 7	1.216 3
第一阶扭转模态	1 099.8	886.10	0.804 7	0.195 2	0.544 0
第二阶弯曲模态	1 761.2	1 288.9	0.731 8	0.268 2	0.867 1
第二阶扭转模态	3 512.3	2 783.2	0.792 4	0.207 6	0.592 6
第三阶弯曲模态	4 734.0	3 650.5	0.771 1	0.228 9	0.681 7

表 6-3 将数值模拟结果与实验结果相比较，对于水中前两阶模态，模拟结果与实验结果相对误差在 3% 以内，验证了模态分析方法的可靠性。

表 6-3　模拟数据与标准实验数据作比较

振型阶次	模拟结果 /Hz	实验结果 /Hz	相对误差 /%
水中第一阶弯曲模态	193	194	0.5
水中第一阶扭转模态	855	880	2.8

6.2.3　应用案例 2：离心叶轮模态分析

叶在水泵运行时承受高幅值压力脉动，其振动特性需被重点关注。本节针对离心叶轮进行关键模态的固有频率和振型分析。

1. 有限元计算模型构建

（1）以某离心式泵为研究对象，叶轮进出口直径分别为 0.06 m 和 0.19 m、叶片出口宽度 0.005 m、叶片数 6 个。

（2）采用有限元法求解叶轮整体在空气和水中的振型及对应的固有频率。叶轮整体有限元模型如图 6–6 所示，为显示方便，仅在作图时取出 3/4 水体区域。以前三阶模态固有频率为关键参数，进行网格无关性检查，如图 6–7 所示。模拟结果表明，当叶轮网格单元数从 16 万增加到 27 万时，一阶模态、二阶模态和三阶模态固有频率变化量分别为 1.81%、1.78% 和 0.65%。

（3）边界条件如图 6–6 所示，叶轮与流体相接触部分设置为流固耦合面，水体与空气间接触面设为自由液面，其他边界为刚性壁面。

（4）叶轮材料为铸铁，密度 7 300 kg/m³，弹性模量 155 GPa，泊松比 0.29。空气中模态提取采用 Block Lanczos 算法，半淹没和全淹没时模态提取方法采用 Unsymmetric 算法。

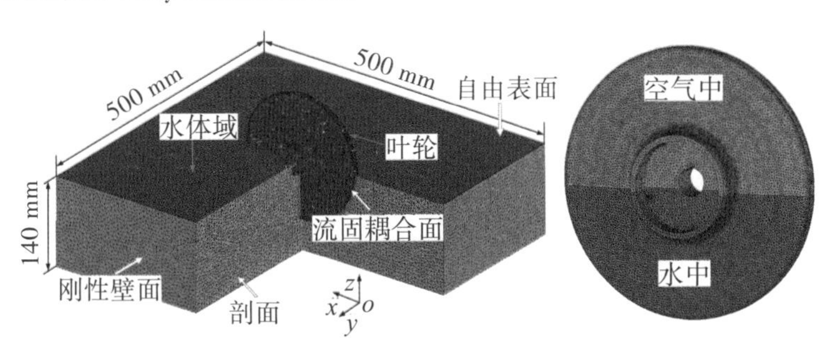

图 6–6　叶轮网格及边界条件，半淹没

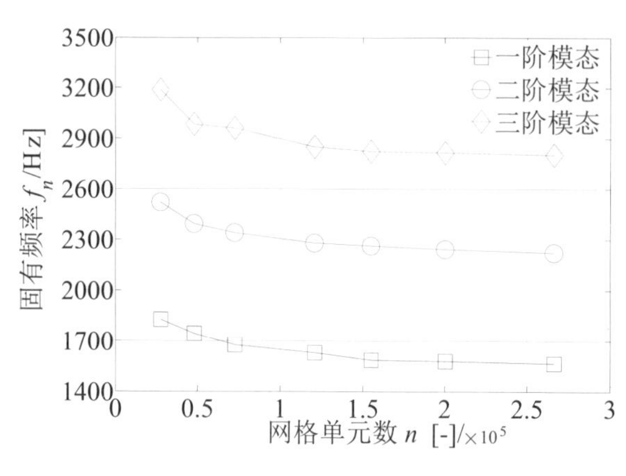

图 6-7　网格单元无关性验证

2. 振型及对应固有频率

在半淹没时，离心叶轮的前三阶模态如图 6-8 所示。第一阶模态存在两条位移为 0 的节径，在叶轮出口有四个大变形区域，且相邻间隔为 90°，为典型的二节径模态。第二阶模态有一个位移为 0 的圆，为典型的一节圆模态。第三阶模态有 3 条位移为 0 的节径，为典型的三节径模态。当离心叶轮在水中的淹没深度不一致时，振型几乎保持不变，但固有频率发生显著变化，见表 6-4 所列。随着淹没深度的增大，水体附加质量增大，离心叶轮的固有频率下降。

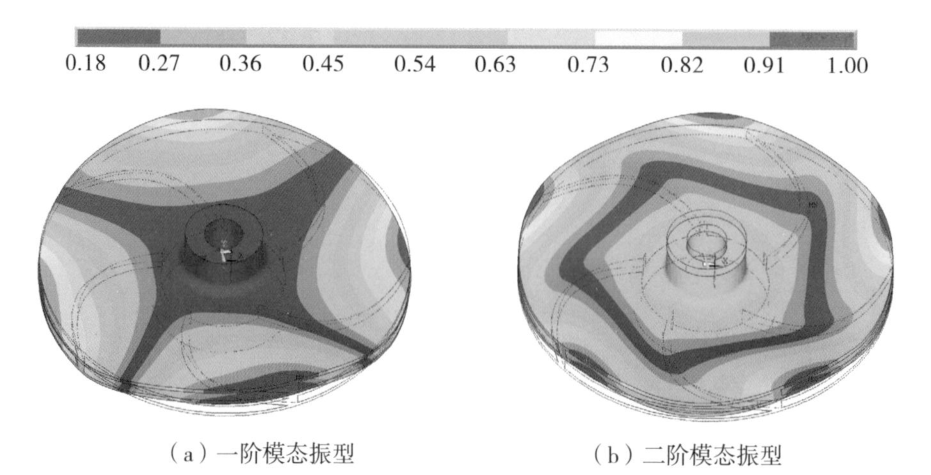

（a）一阶模态振型　　（b）二阶模态振型

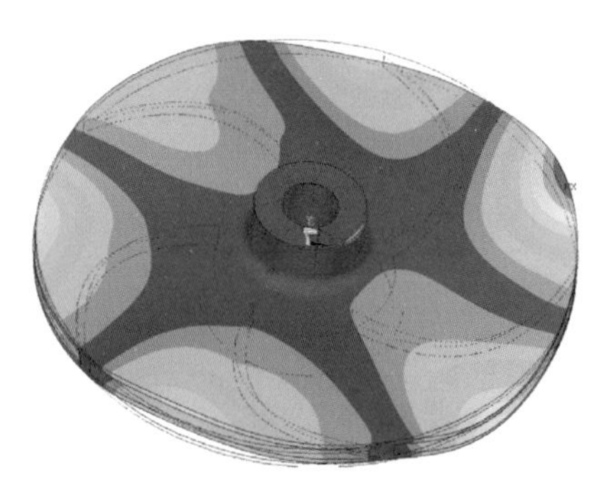

（c）三阶模态振型

图 6–8　模态振型，h=190 mm

表 6–4　离心叶轮在不同介质中的固有频率

淹没深度 h/%	固有频率		
	一阶模态 $f_{n,1}$/Hz	二阶模态 $f_{n,2}$/Hz	三阶模态 $f_{n,3}$/Hz
0	1 586.9	2 261.8	2 823.2
25	1 462.4	2 031.2	2 519.9
50	1 348.9	1 971.5	2 326.4
75	1 326.5	1 827.5	2 174.3
100	1 219.4	1 742.4	2 115.7

6.3　离心泵压力脉动特性

6.3.1　压力脉动计算步骤

1. 流体域建模

借用 Pro/E、UG 或者 SolidWorks 等三维建模软件，将流体流过区域等比例建模。一般包括进水管、叶轮、导叶、压水室和出水管。为了让湍流充分发展，通常会将进出水管延长。

2. 网格划分

计算采用有限体积法进行离散化，将微分形式的控制方程转化为节点上的代数方程组。计算域的网格划分方式对模拟结果有较大的影响，如何消除该因素的作用得到广泛的关注。

常用网格分析方法包括网格无关性验证和收敛性分析。前者通过网格数与关键参数的关系曲线，并选择合适的网格数量。后者基于理查森外推法，定量报告网格的收敛性指数，该方法由 *Journal of Fluids Engineering* 期刊推荐使用。

网格收敛性需要对三套网格的计算结果进行分析，并将模拟值与外推值比较，选择一套合适的网格，并将 GCI 作为评判标准。对于三维水翼的数值模拟，流场网格节点之间的平均间距可以定义为

$$h=\left[\frac{1}{N}\sum_{i=1}^{N}(\Delta V_i)\right]^{1/3} \tag{6-53}$$

式中：h 为平均网格间距；

N 为总网格数；

ΔV_i 为第 i 个网格的体积。

第一套（Fine）、第二套（Mid）、第三套（Coarse）网格间距分别为 h_1、h_2、h_3，$h_1 < h_2 < h_3$，令

$$r=\frac{h_{\text{coarse}}}{h_{\text{fine}}} \tag{6-54}$$

式中：r 为两套网格平均节点间距的比值；

h_{coarse} 为较粗网格的平均节点间距；

h_{fine} 为较细网格的平均节点间距。

三套网格的网格数变化规律是收敛性分析的重要影响因素，根据经验，当间隙比 $r > 1.3$ 时，满足收敛性分析。$r_{21}=h_2/h_1$，$r_{32}=h_3/h_2$。

收敛精度 P 可以表示为

$$p = \frac{1}{\ln(r_{21})}\left|\ln\left|\frac{\varepsilon_{32}}{\varepsilon_{21}}\right| + q(p)\right|$$

$$q(p) = \ln\left(\frac{r_{21}^{p} - s}{r_{32}^{p} - s}\right) \tag{6-55}$$

$$s = 1 \cdot sign\left(\frac{\varepsilon_{32}}{\varepsilon_{21}}\right)$$

等式（6-55）中，$\varepsilon_{32} = \phi_3 - \phi_2$，$\varepsilon_{21} = \phi_2 - \phi_1$，$\phi_i$ 为第 i 套网格的瞬态的数值解。若 $\varepsilon_{32}/\varepsilon_{21} < 0$，则可能存在收敛震荡现象，在非定常计算中震荡收敛的比例越小越好。

对于外推值计算可以表示为

$$\phi_{ext}^{21} = \frac{r_{21}^{p}\phi_1 - \phi_2}{r_{21}^{p} - 1}$$

$$\phi_{ext}^{32} = \frac{r_{32}^{p}\phi_2 - \phi_3}{r_{32}^{p} - 1} \tag{6-56}$$

数值解相对误差为

$$e_a^{21} = \left|\frac{\phi_1 - \phi_2}{\phi_1}\right| \tag{6-57}$$

外推值相对误差为

$$e_{ext}^{21} = \left|\frac{\phi_{ext}^{21} - \phi_1}{\phi_{ext}^{21}}\right| \tag{6-58}$$

对于第一套网格，网格收敛指数为

$$\mathrm{GCI}_{ext}^{21} = \frac{fe_a^{21}}{r_{21}^{p} - 1} \tag{6-59}$$

式中：f 为安全因子，一般为 1.25 ~ 3.00。

3. 时间步长选取

离心泵内压力随时间变化，压力脉动数值模拟属于典型的非定常问题。高时间分辨率有利于捕捉更精确的瞬态压力变化，但是需要更多的计算资源。因此，时间步长选取需兼顾计算精度和效率。时间步长无关性验证是目前常用的方法，得到时间步长与关键参数的曲线，进而选取合适时间步长。

4. 边界条件

以 CFX 为例，在求解器中可定义的边界类型主要有以下几种：

（1）进口边界条件，包括速度进口、静压进口、总压进口和质量流量进口；

（2）出口边界条件，包括静压出口、速度出口和质量流量出口；

（3）壁面，可定义滑移和粗糙度；

（4）对称边界，适用于传质和传热对称的流动；

（5）自由流出，适用于出口流量和压力未知的工况；

（6）周期面，适用于单流道之间的数值传输；

（7）动静交界面，定常计算选择冻结转子（frozen rotor），非定常计算选择瞬态动静交换（transient rotor stator）。

5. 求解设置

（1）收敛控制，一方面需设置收敛精度，cfx 中默认值为 10^{-4}；另一方面设置一个时间步的迭代步数，cfx 中默认最少迭代 1 次，最多迭代 10 次。在该迭代次数的范围内，若收敛则进入下一个时间步，如不收敛在迭代 10 次后进入下一个时间步。

（2）求解精度，对流项可选择迎风格式和高阶精度，时间项可选择一阶后欧拉后差分和二阶欧拉后差分。

（3）监测点，一般在叶轮进水管、叶轮流道、无叶区、蜗壳和出水管等关键部件放置压力脉动监测点。

6. 后处理分析

（1）外特性，包括扬程、效率和功率，计算公式如下：

$$H = \frac{P_{outlet}}{\rho g} - \frac{P_{inlet}}{\rho g} + \Delta Z \tag{6-60}$$

式中：H 为扬程，m；

P_{outlet} 为水泵出口静压，Pa；

P_{inlet} 为水泵进口静压，Pa；

ΔZ 为进出口高度差，m。

$$P_{输入} = M\omega \tag{6-61}$$

式中：$P_{输入}$ 为功率，W；

M 为扭矩，N · m；

ω 为旋转速度，rad/s。

$$\eta = \frac{\rho g Q H}{P_{输入}} \times 100\% \tag{6-62}$$

式中：η 为水力效率；

Q 为流量，m^3/s。

（2）压力脉动特性。

可采用无量纲压力系数描述压力脉动特性，即

$$C_{p} = \frac{p - \overline{p}}{0.5\rho u_2^2} \tag{6-63}$$

式中：p 为瞬时压力值，Pa；

$\overline{p}$ 为平均压力，Pa；

u_2 为叶轮出口圆周速度，m/s。

（3）内部流动特性。

在 CFX 或 Fluent 等软件中，查看计算结果，或采用 Tecplot、Matlab 对结果进行表征。可分析的结果包括速度云图、压力云图和涡量云图等。

6.3.2 应用案例：单级单吸离心泵流动分析

1. 计算对象

以某台单级立式离心泵为研究对象，如图 6–9 所示。在 UG 中进行三维建模，过流部件包括进水管段、旋转域、蜗壳和出水管段。为了让湍流充分发展，在水泵进出口处增加延伸段，长度分别为 4 倍水泵进口直径和 6 水泵出口直径。

泵设计流量 Q_n=200 m³/h，设计扬程 H=26 m，转速 n=2 000 r/min，叶片数 10，具体参数见表 6–5 所列。比转速 n_s=149，计算公式如下：

$$n_s = \frac{3.65 n_d \sqrt{Q_d}}{H_d^{0.75}} \tag{6-64}$$

式中：n_d 为设计转速，r/min；

Q_d 为设计流量，m³/s；

H_d 为设计扬程，m。

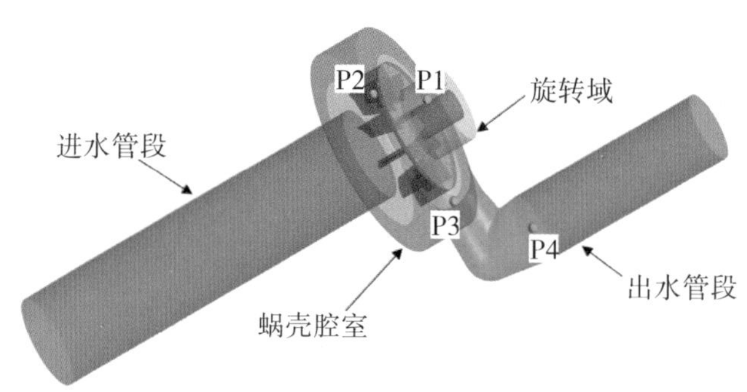

图 6–9　离心泵水体域示意图

表 6–5　离心泵主要参数

结构参数		性能参数	
叶轮进口直径 D_1	125 mm	工作转速 n	2 000 rpm
叶轮出口直径 D_2	200 mm	比转速 n_s	149
蜗壳基圆直径 D_3	310 mm	设计流量 Q_n	200 m³/h
叶轮出口宽度 b_1	46.2 mm	设计扬程 H	26 m
蜗壳出口直径 b_2	100 mm	效率 η	40.1%

2. 边界条件

流动介质设为水，温度 22 ℃。进口边界指定为质量进口，55.6 kg/s。出口边界指定为压力出口，平均静压 0.25 MPa。其余所有壁面都采用无滑移边界条件。对于交界面的设置，将进水流道出口和叶轮进口、叶轮出口和出水流道进口设置为动静交界面。定常计算基于多参考坐标系（交界面采用 Frozen rotor），非定常计算基于滑移网格法（交界面采用 transient rotor stator）。

采用 SST-CC 模型封闭控制方程，基于非耦合隐式方案进行求解，时间项离散采用二阶全隐格式，压力项采用二阶中心差分格式，其他项采用二阶迎风差分格式。收敛精度为 10^{-4}，最大迭代次数设置为 10。以定常计算结果作为非定常计算的初始条件。

3. 计算参数验证

（1）网格可靠性验证。

利用 Ansys ICEM 对计算域进行网格划分，如图 6-10 所示。对于进水流道（包含延伸段）、叶轮、出水流道（包含延伸段），均采用非结构化网格进行网格划分，在隔舌、叶片前后缘等处进行加密设置。

在设计流量下，基于定常计算进行网格可靠性分析，网格 1、2 和 3 的网格数量分别为 683 万、308 万和 125 万，网格间隔比 r_{21} 和 r_{32} 分别为 1.304 和 1.351，满足理查德森外推加速法的要求。

将 5 个旋转周期的扬程、效率和功率取算数平均，并作为关键参数进行网格收敛性分析。见表 6-6 所列，所有 $\varepsilon_{32} / \varepsilon_{21} > 0$，表明未出现震荡收敛；第 1 套网格的数值解与外推值的相对偏差在 0.51% ~ 4.24%，且第一套网格的收敛性指数为 0.64% ~ 5.08%。网格收敛性分析表明第 1 套网格能够提供可靠的计算精度。

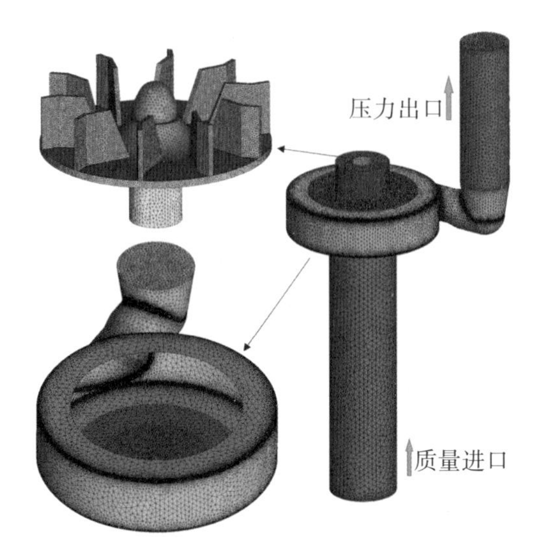

图 6–10　离心泵计算域网格划分

表 6–6　网格收敛性分析

变量	扬程 H	功率 P	效率 η
ϕ_1	24.25 m	23.61 kW	53.26 %
ϕ_2	24.98 m	23.48 kW	54.51 %
ϕ_3	26.35 m	23.12kW	56.83 %
ϕ_{ext}^{21}	23.73 m	23.74 kW	51.09 %
$\varepsilon_{32}/\varepsilon_{21}$	0.49	2.59	2.87
ϕ_{ext}^{21}	2.21 %	0.51 %	4.24 %
GCI_{ext}^{21}	2.7%	0.64 %	5.08 %

（2）时间步长可靠性验证。

在设计流量下，以扬程、效率和压力脉动峰峰值为关键参数进行时间步长无关性分析。结果表明时间步长对扬程和效率几乎没有影响，说明实际工程中为了减少计算时间，水泵外特性可采用定常计算。压力脉动峰峰值对时间步长敏感，当从叶轮旋转 6 度计算 1 步减小到旋转 1 度计算 1 步时，压力脉动峰峰值的变化量可达 6%。当时间步长进一步减小到旋转 1 度计算 2 步时，压力脉动峰峰值的变化量仅在 0.5% 以内，为兼顾计算精度和计算时间，最终选择的时间步长为旋转 1 度计算 1 步。

4. 外特性

在 $0.4Q_n$(80 m³/h)、$0.7Q_n$ (140 m³/h)、$0.85Q_n$ (170 m³/h)、$1.0Q_n$ (200 m³/h)、$1.15Q_n$ (230 m³/h)、$1.3Q_n$ (260 m³/h) 下，对离心泵进行定常计算。得到流量 - 扬程曲线和流量 - 效率曲线，如图 6–11 所示。

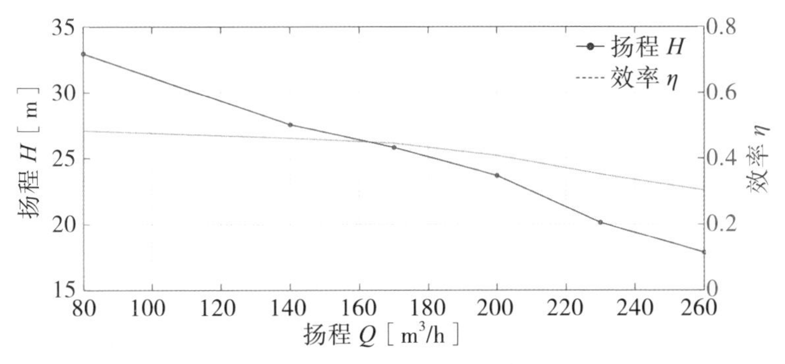

图 6–11　扬程和效率随流量变化曲线

通过叶轮做功以增加所输送介质的压能是泵的核心作用，因此扬程是工程中最关心的参数之一。受内部非定常流场的影响，旋流泵的扬程也会随时间发生一定幅度的周期性变化，其脉动特性关系到旋流泵工作的稳定性。因此，研究中除了关注扬程的时均值，还应分析其非定常特性。图 6–12 给出了各工况下扬程的脉动情况，可以看到各工况下扬程均呈现相似的周期性。

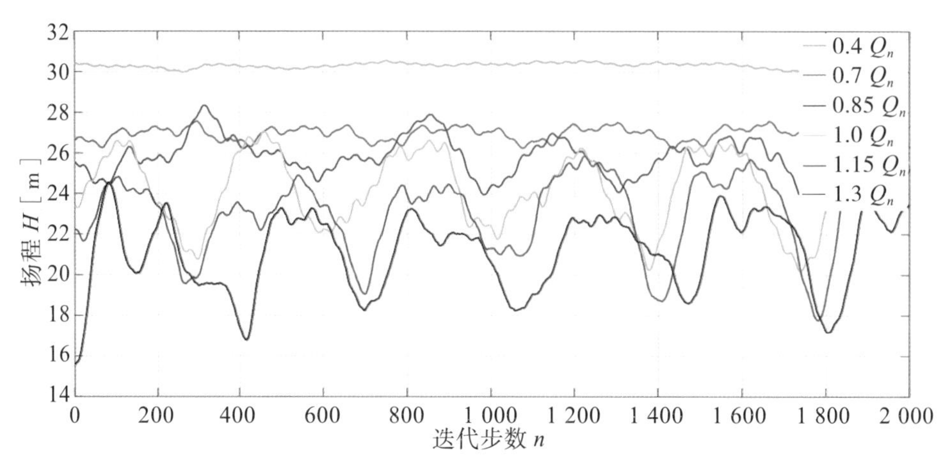

图 6–12　各工况下扬程演化特性

5. 内部流动分析

图 6–13 为轴向截面的压力和速度分布。随着流量的增大，叶轮内压力显著上升，但在靠近隔舌处的叶片吸力面的低压区明显增大，容易形成漩涡。从流线分布可以看出叶轮前缘有圆周方向流动，且在流道内有大尺度旋涡。

叶轮出口附近压力分布如图 6–14 所示，压力分布不均匀，可能导致径向速度分布也不均匀，易形成射流 – 尾迹。

图 6–15 为压水室不同断面的流线图，可以看到旋流泵的压水室内流动分布有各种大小的漩涡，可能产生低频的压力脉动。

z
x
（压力）
170 000
143 000
116 000
89 000
62 000
35 000
8 000
−19 000
−46 000
−73 000
−100 000

（a）$0.4Q_n$

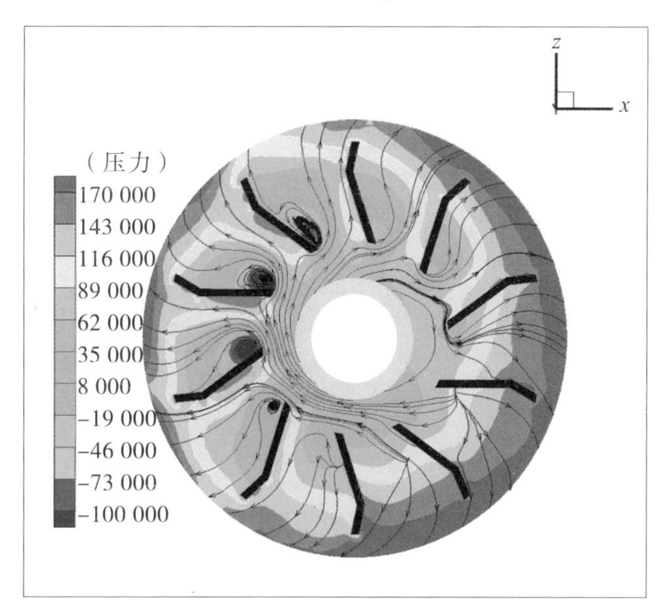
z
x
（压力）
170 000
143 000
116 000
89 000
62 000
35 000
8 000
−19 000
−46 000
−73 000
−100 000

（b）$1.0Q_n$

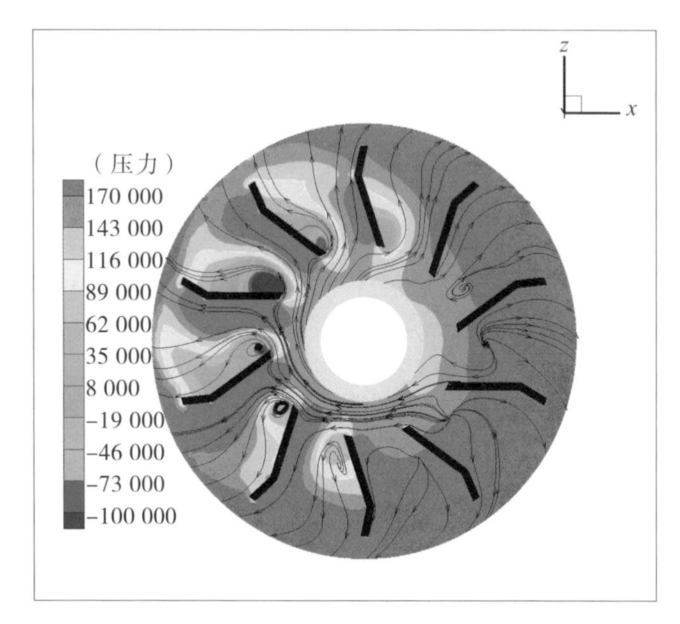

（c）$1.3Q_n$

图 6–13　叶轮轴截面流线分布图

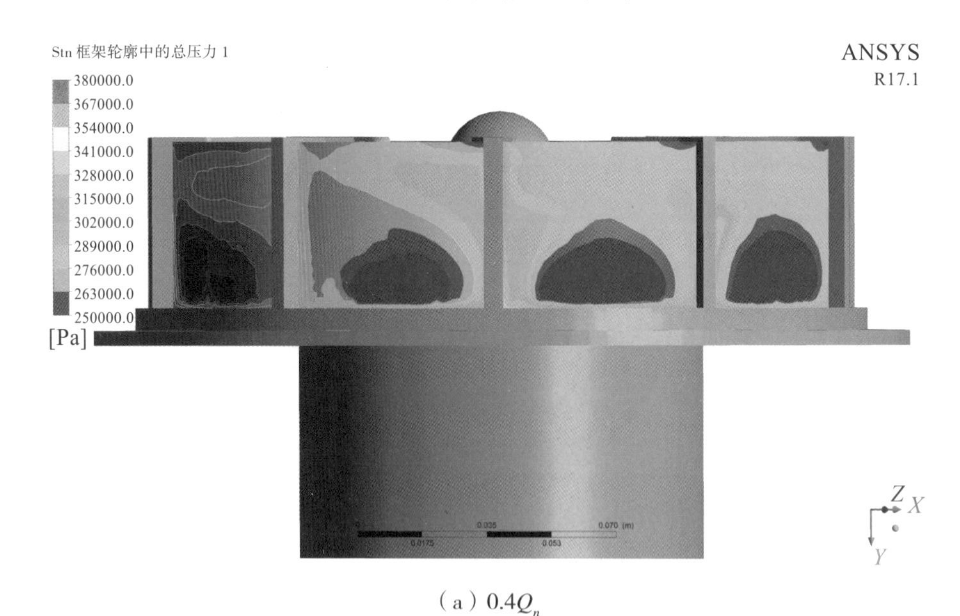

（a）$0.4Q_n$

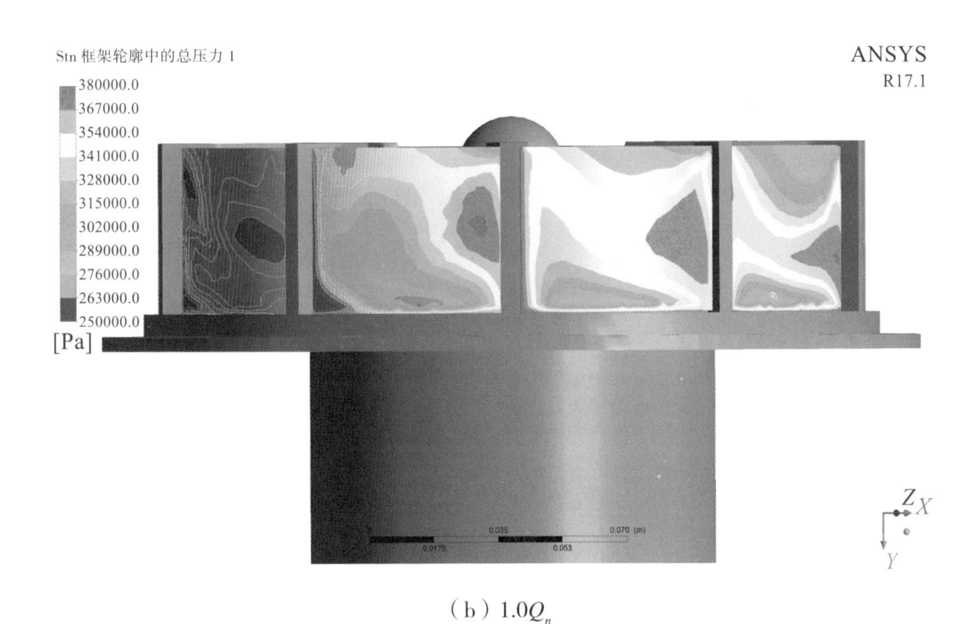

（b）$1.0Q_n$

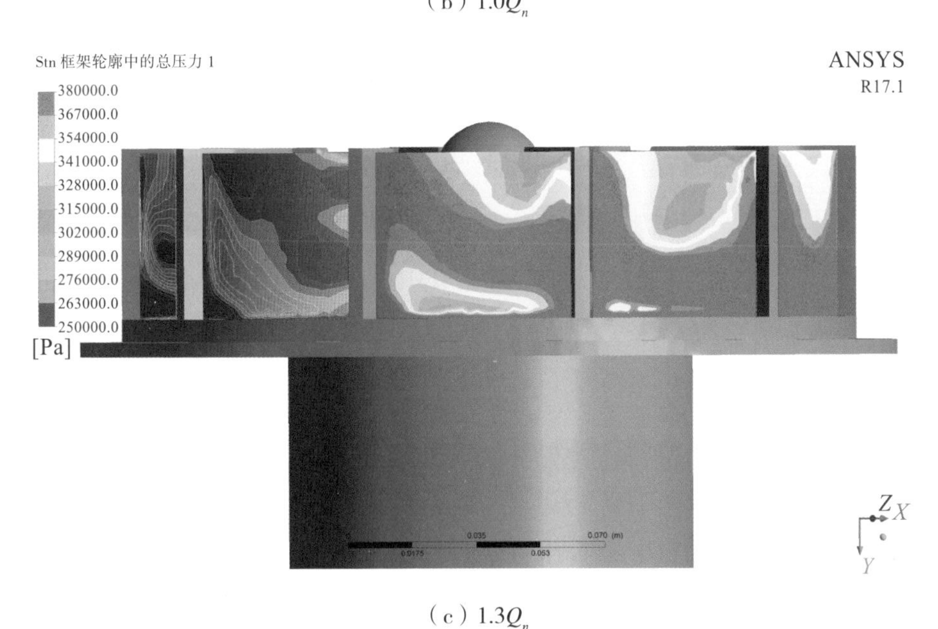

（c）$1.3Q_n$

图 6–14　叶轮出口边的压力分布

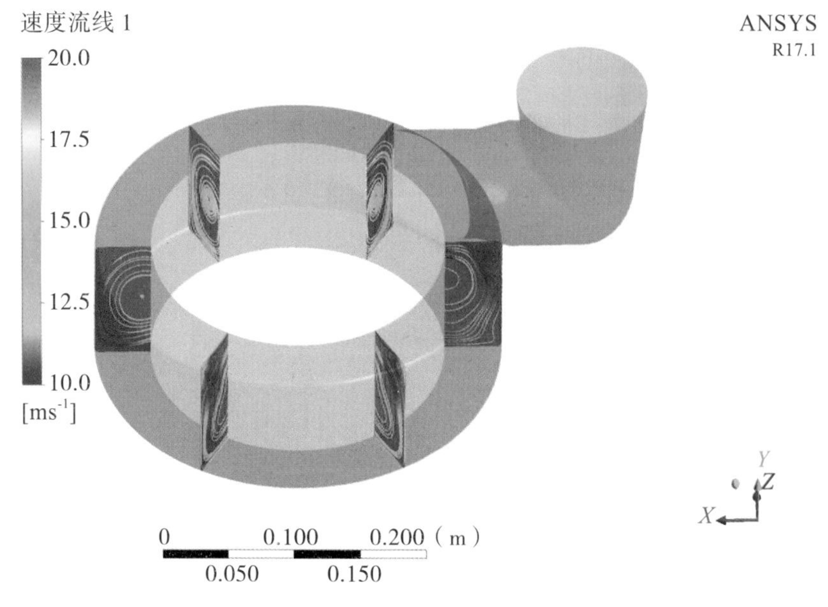

图 6-15　蜗壳断面漩涡分布

6. 水力激振分析

（1）压力脉动。

压力脉动测点布置如图 6-16 所示，在旋转叶轮出口流动撞击静止导叶后，将产生高幅值压力脉动。且在“射流 - 尾迹”结构的影响下，将进一步增大压力脉动幅值。因此，本小节将对动静干涉和产生的水力激振进行分析。

在额定工况下，各测点的压力脉动时域分布和频域分布如图 6-16 所示。由计算所得各测点处时域图（图 6-16a）可知，离心叶轮背面腔室内测点 P1、叶片间流道内测点 P2 处压力脉动系数呈现明显地周期性，隔舌测点 P3、出口测点 P4 的压力脉动周期性较差，但 Cp 值相对 P1 和 P2 处较小。

在设计流量下，各测点频域如图 6-16b 所示。P1、P2 和 P4 的压力脉动的主频为 1 倍转频。叶轮背面腔室和隔舌处的流动受叶片数影响显著，存在 10（叶片数）倍转频。叶轮流道内的压力脉动同样受动静干涉影响显著，而且 *C*p 值是其他测点的 2 ～ 4 倍。

图 6-17、6-18 分别为 $0.4Q_n$ 和 $1.3Q_n$ 工况下的压力脉动图。在不同流量下，各测点的压力脉动频率成分几乎不发生变化。但 $1.3Q_n$ 工况下，各监测点的 *C*p 值几乎是设计工况下的两倍。

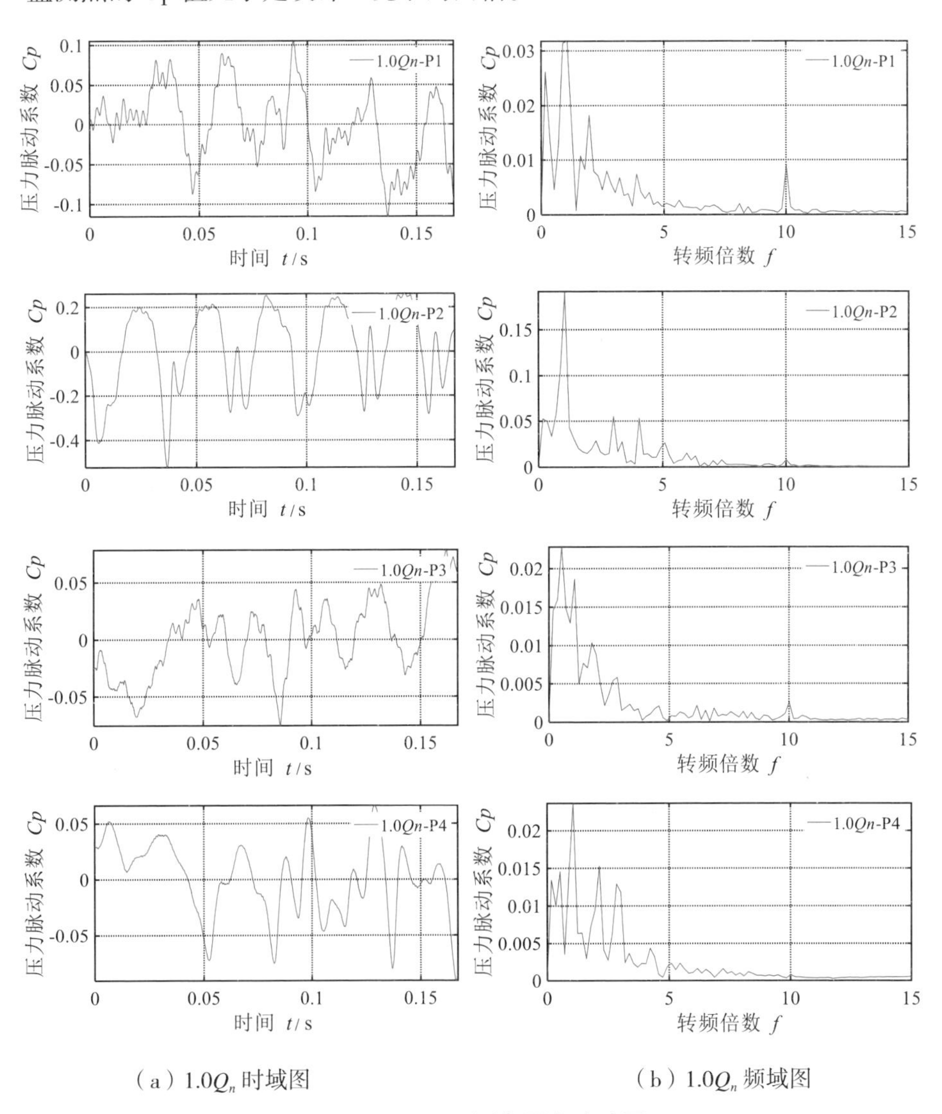

（a）$1.0Q_n$ 时域图　　（b）$1.0Q_n$ 频域图

图 6-16　$1.0Q_n$ 测点压力脉动图

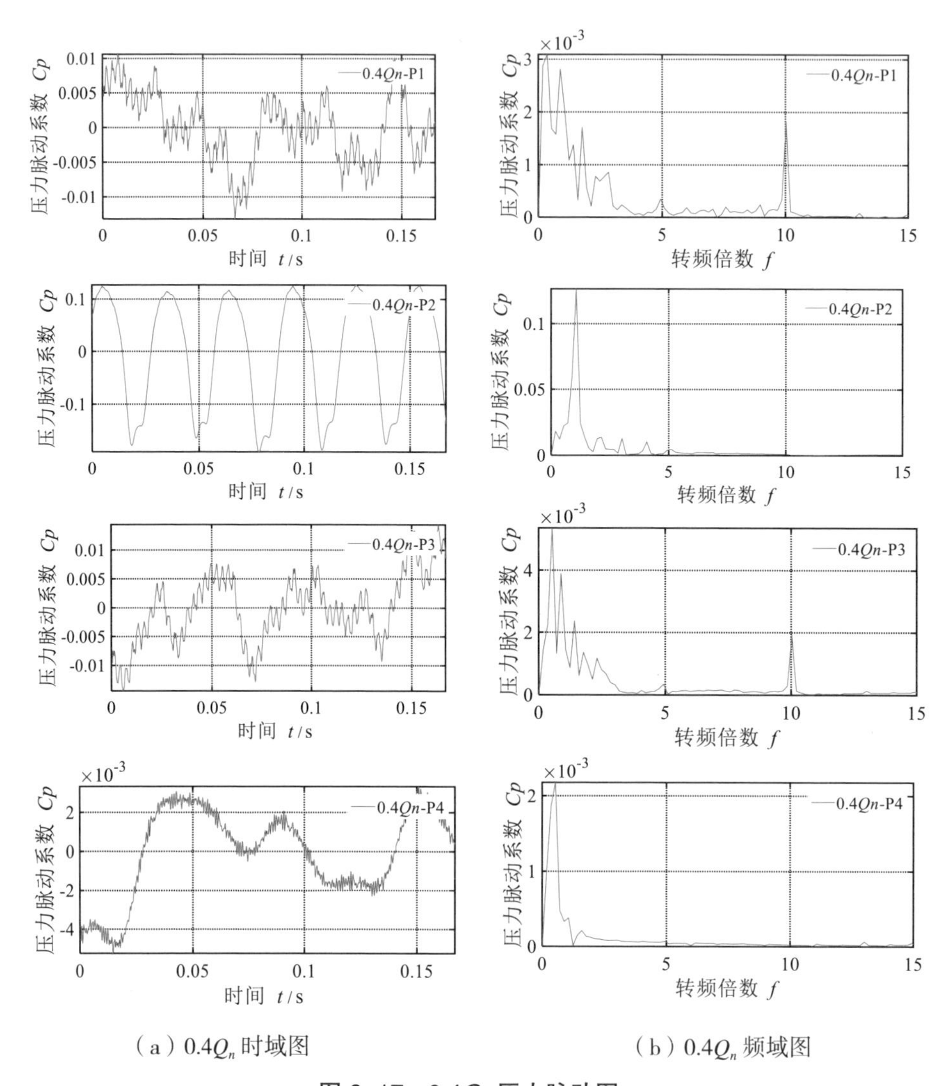

（a）$0.4Q_n$ 时域图　　（b）$0.4Q_n$ 频域图

图 6-17　$0.4Q_n$ 压力脉动图

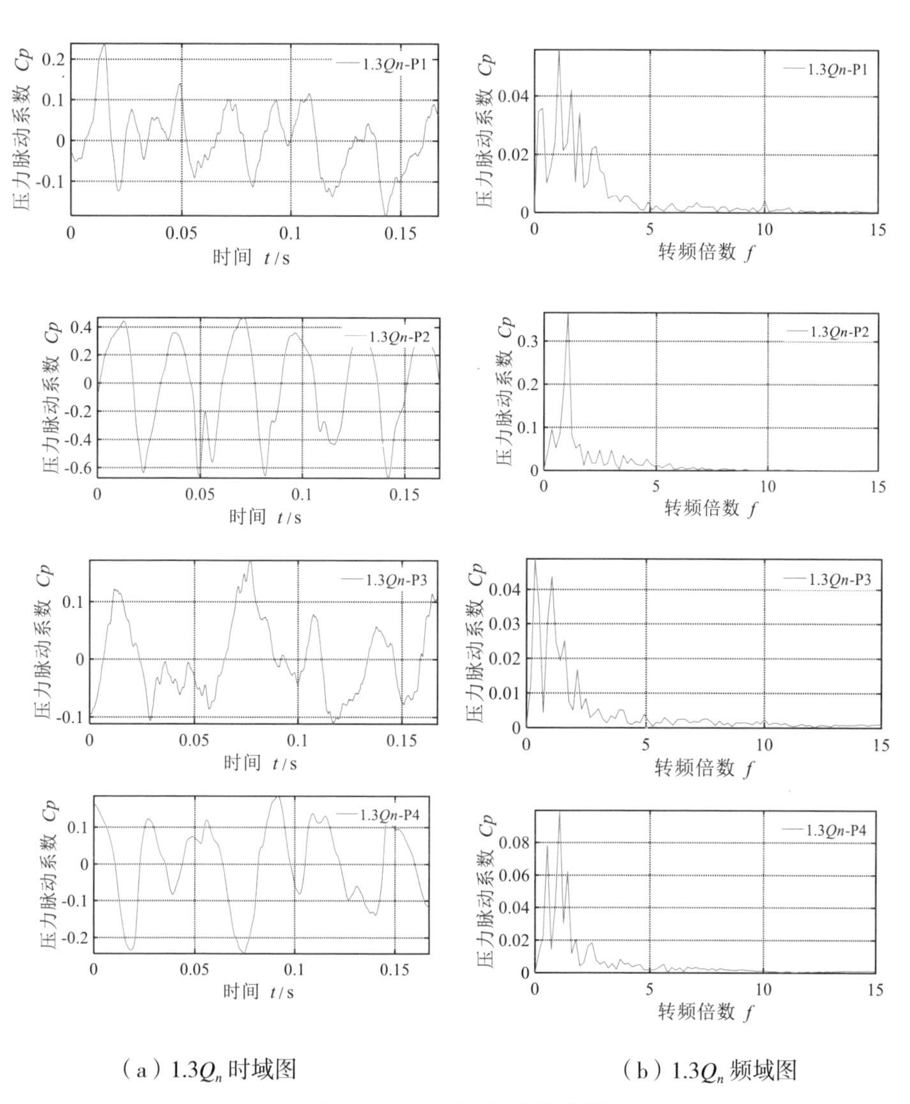

（a）$1.3Q_n$ 时域图　　（b）$1.3Q_n$ 频域图

图 6-18　$1.3Q_n$ 压力脉动图

（2）轴向力。

在 0.4 ~ $1.3Q_n$ 范围内，叶轮轴向力随计算步的演化如图 6-19 所示。在小流量运行时会有较大的轴向力，在大流量工况下的轴向力虽然减小，但却有明显的波动。

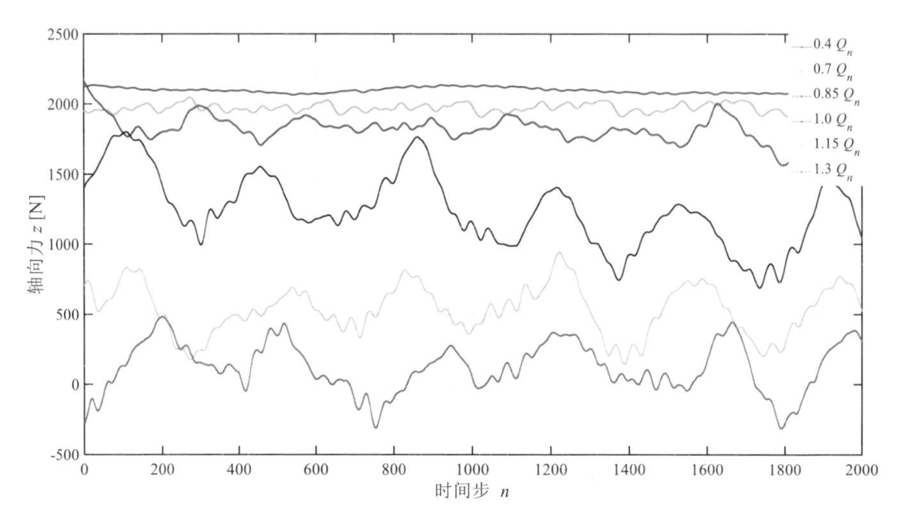

图 6-19　轴向力分布

（3）径向力。

在 0.4 ~ 1.3Q_n 范围内，叶轮径向力分布如图 6-20 所示，横坐标和纵坐标分别表示 x 和 y 方向所受到的力。计算结果表明不同流量下的径向力分布均匀，但随流量变化显著。

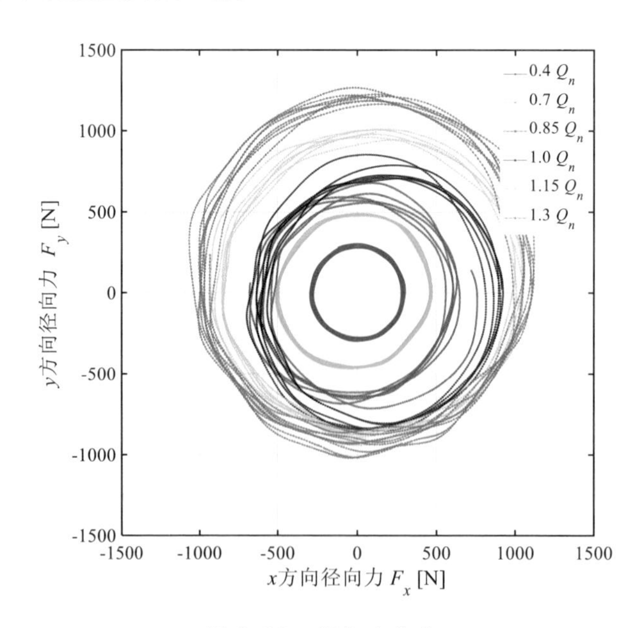

图 6-20　径向力分布

6.4　基于单向流固耦合的结构振动分析

离心泵在水力激振作用下变形量较小，通常忽略其他流场的反作用影响。但其应力和应变分布结构运行稳定性密切相关，需被重点关注。

6.4.1　单向流固耦合计算步骤

单向流固耦合可借助 ANSYS workbench 平台完成，构建 CFX + Transient structural 模块，或构建 Fluent + Transient structural 模块，如图 6–21 所示。

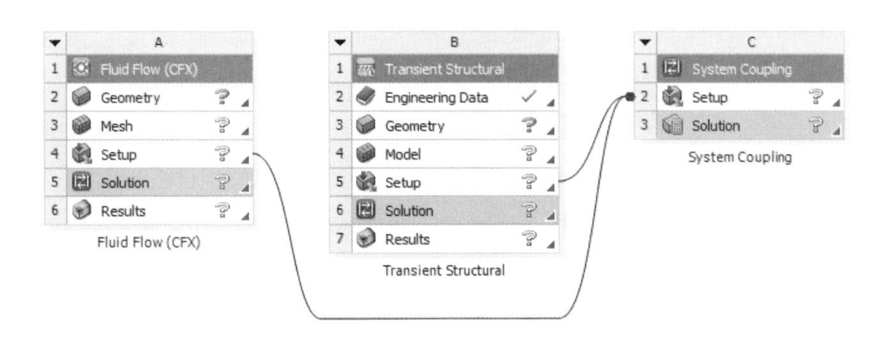

图 6–21　单向流固计算流程图

1. 三维建模

将流体域导入 CFX 模块中，并将结构场导入 Transient structural 模块。为方便流场向结构场进行数值传输，通常需保证流场和结构场在交界面上的几何尺寸完全一致。

2. 网格划分

（1）流场网格。一般可借用 Gambit、ICEM、Workbench mesh 等软件，网格类型包括四面体网格、六面体网格和混合网格等。有两种方式进行网格划分，第一种是借用 ICEM 等软件预先划分网格，再导入 CFX 模块中。另一种是在图 6–21 所示的 mesh 模块中直接进行网格划分。

（2）结构场网格。结构场不涉及复杂湍流流动，为节省计算时间可适当降低网格规模。但为了捕捉应力集中处的动态演化，需对网格进行局部加密。

（3）可靠性分析。通常采用网格收敛性分析定量报告网格不确定度，或采用网格无关性验证，选择合适的网格尺度。

3. 计算设置

（1）流场计算设置。对于单向流固耦合，需在流场中标记流固耦合交界面。对于边界条件、求解设置和监测点布置等与非定常 CFD 计算一致。

（2）结构场计算设置。

第一步，定义结构场的材料属性；

第二步，对结构场施加约束；

第三步，标记流固耦合面，将流场迭代计算的压力实时传递给结构场；

第四步，定义旋转速度，旋转方向和旋转速度与流场的旋转域保持一致；

第五步，设置时间步长，流场和结构计算总时间及时间步长需要保持一致。

4. 后处理分析

通常可在 ANSYS workbench 中查看计算结果，可分析的量包括：

（1）位移；

（2）振动速度；

（3）应力分布；

（4）应变分布。

6.4.2 应用案例：离心叶轮的单向流固耦合分析

1. 计算对象

单向流固耦合计算的对象包括流体域和结构场，分别如图 6-9 和图

6–22 所示。流场和结构场几何尺寸相匹配，能够进行布尔求和计算。

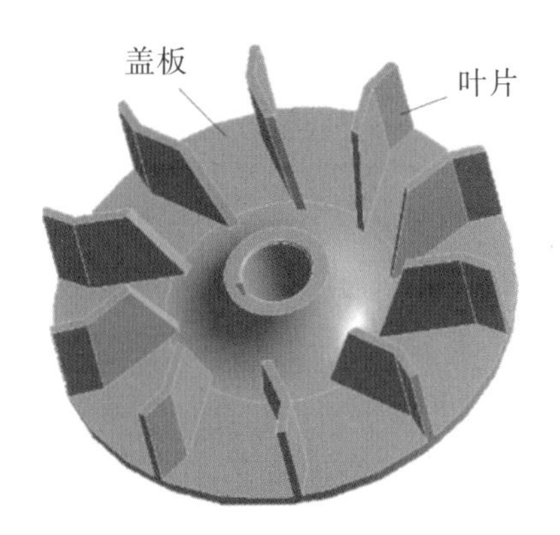

图 6–22　离心式叶轮结构场

2. 网格划分

（1）流体域网格如图 6–10 所示，不同过流部件的总网格数 683 万，在叶片前缘、尾缘和隔舌处进行局部加密。在 0.4 ~ 1.3 倍设计流量下进行网格收敛性分析，如表 6–6 所示，收敛性指数在 0.64% ~ 5.08%。

（2）结构场网格如图 6–23 所示，绘制 3 套非结构化网格，单元数量分别是 6.1 万、2.7 万和 0.61 万。以叶片出口边的位移为关键参数进行网格无关性分析，当网格单元数大于 2.7 万时，叶片出口边位移的相对变化量在 3% 以内。为兼顾计算效率和精度，选择 2.7 万网格单元进行后续分析。

（a）粗网格

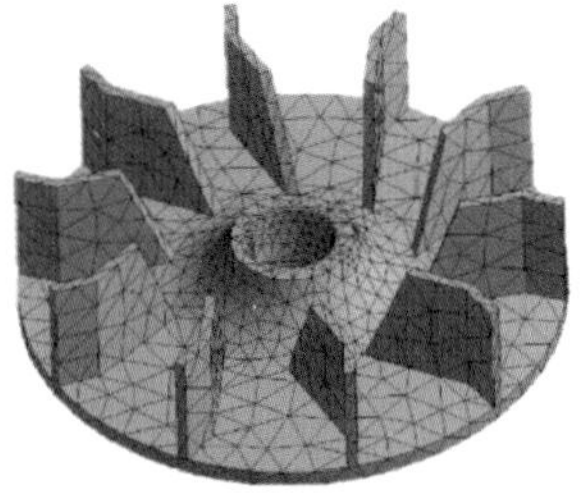

（b）中等网格

（c）细网格

图 6–23　结构场网格划分

3. 计算设置

（1）流场。采用 55.6 kg/s 的质量流量进口，出口设置 0.25 MPa 的平均静压。动静交界面设置为 Tansient rotor stator，壁面设置为无滑移边界条件。采用 SST-CC 进行湍流计算，对流和时间项都采用二阶隐式算法。将流场非定常，CFD 结果做流固耦合计算的流场初始条件，收敛精度设置为 10^{-4}，最大迭代次数设置为 10。

（2）结构场。

第一步，定义结构场的材料属性为不锈钢，密度、弹性模量和泊松比分别为 7 700 kg/m^3、215 GPa 和 0.3。

第二步，对结构场施加圆柱约束约束，如图 6-24 所示，约束离心叶轮径向和轴向的自由度，但允许叶轮旋转；

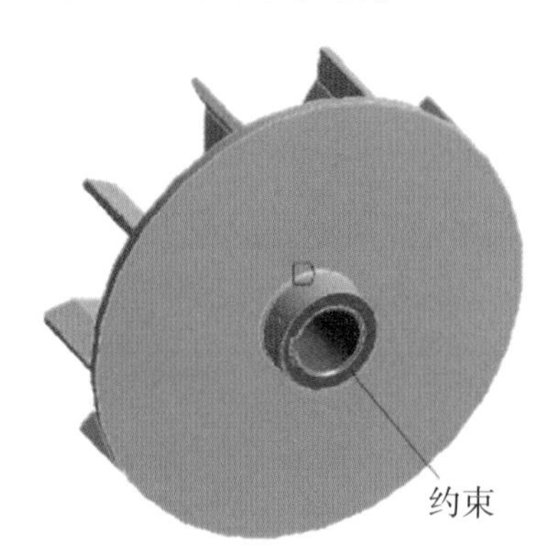

图 6-24　离心式叶轮的约束方式

第三步，将叶轮与流体域相接触的面标记为流固耦合交界面，如图 6-25 所示；

图 6-25　标记流固耦合交界面

第四步，定义叶轮旋转速度为 2 000 rpm；

第五步，定义结构场瞬态计算的时间步长为旋转一度计算一步。

4. 后处理分析

在 ANSYS workbench 中进行离心叶轮的单向流固耦合计算，并基于该界面进行后处理分析，包括云图、图例、离散数据和瞬态变化曲线等，如图 6-26 所示。

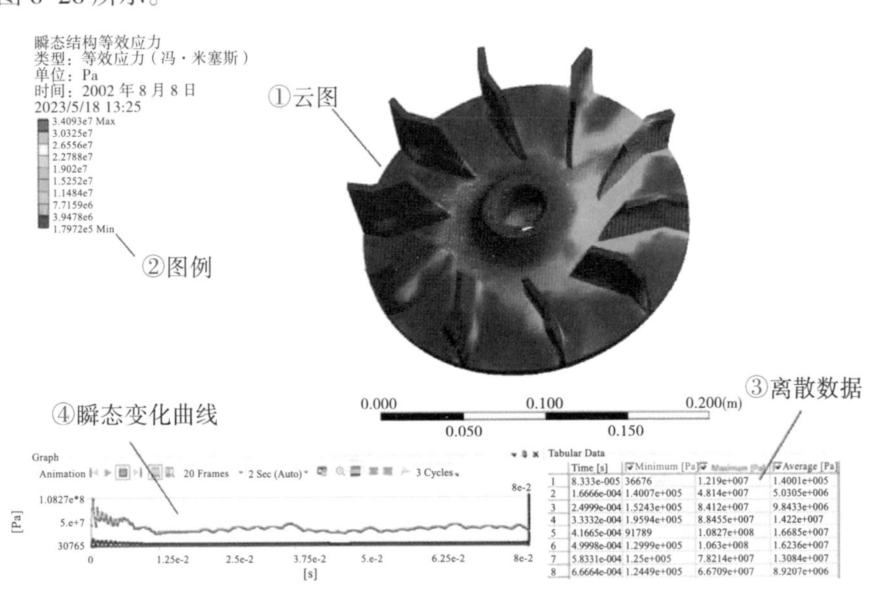

	Time [s]	Minimum [Pa]	Maximum [Pa]	Average [Pa]
1	8.333e-005	36676	1.219e+007	1.4001e+005
2	1.6666e-004	1.4007e+005	4.814e+007	5.0305e+006
3	2.4999e-004	1.5243e+005	8.412e+007	9.8433e+006
4	3.3332e-004	1.9594e+005	8.8455e+007	1.422e+007
5	4.1665e-004	91789	1.0827e+008	1.6685e+007
6	4.9998e-004	1.2999e+005	1.063e+008	1.6236e+007
7	5.8331e-004	1.25e+005	7.8214e+007	1.3084e+007
8	6.6664e-004	1.2449e+005	6.6709e+007	8.9207e+006

图 6-26　单向流固耦合计算结果界面

单向流固耦合最后一个时间步的位移、振动速度、应力和应变分布如图 6–27 所示。

（1）对于位移，如图 6–27（a）所示。最大变形发生在叶轮出口的叶顶位置，约为 2×10^{-4} m，远小于叶轮几何尺寸。说明叶轮变形对流体反作用影响可忽略，也验证单向流固耦合的合理性。

（2）对于振动速度，如图 6–27（b）所示。最大振动速度同样发生在叶轮出口的叶顶位置，可基于该结果对振动烈度进行评估。

（3）对于等效应力，如图 6–27（c）所示。最大应力出现在叶片与后盖板相接触的位置，最大值为 34 MPa，小于许用应力。

（4）对于等效应变，如图 6–27（d）所示。最大应变同样出现在叶片与后盖板相接触的位置，最大值为 0.048%。

基于上述单向流固耦合分析，可实现离心泵关键结构的振动评估，为设计阶段的结构强度校核提供科学指导。

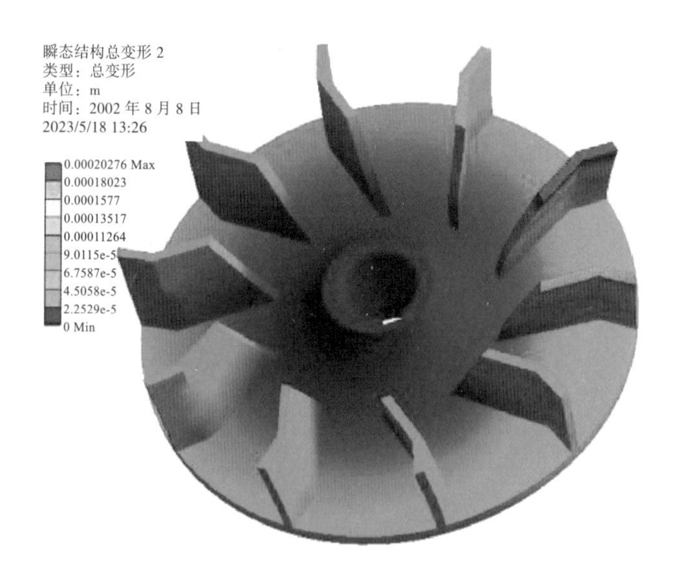

（a）位移，最大 2×10^{-4} m

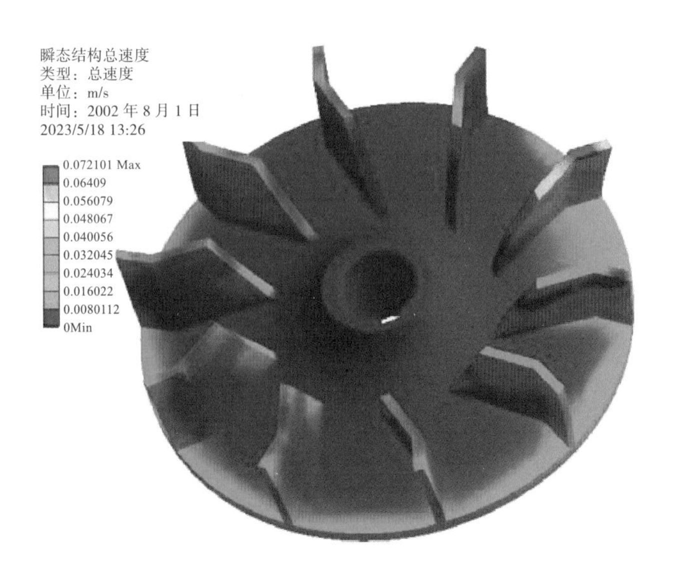

（b）振动速度，最大 0.07 m/s

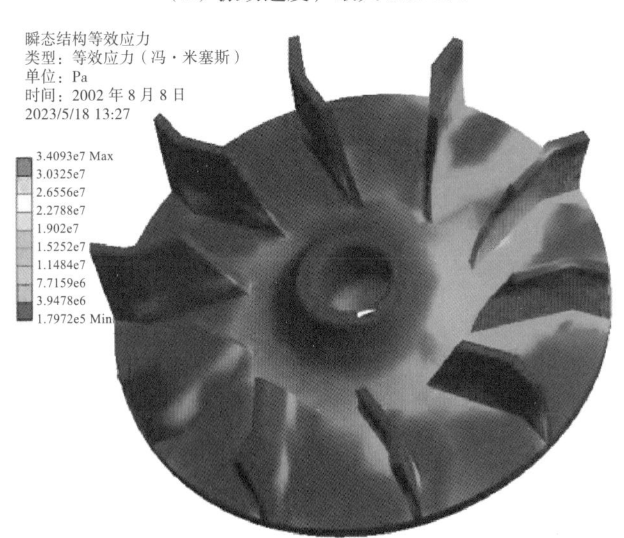

（c）应力，最大 34 MPa

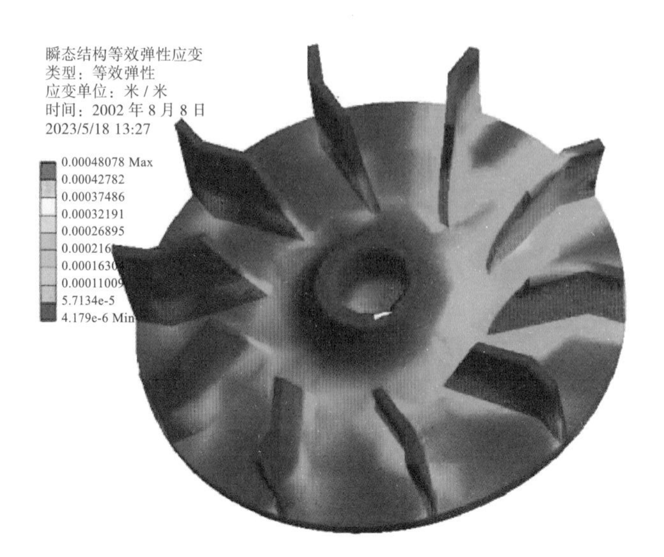

（d）应变，最大 0.048%

图 6-27　叶轮振动特性

第 7 章　基于振动信号的离心泵运行智能诊断技术

对振动信号的频域分析发现，空化产生的振动具有宽频特性，不同的频段表现不同，因此可以考虑对振动信号进行分频段提取特征，本章基于 CEEMDAN 对原始振动信号进行分频段能量特征提取，然后通过贝叶斯优化支持向量机对离心泵空化状态进行识别，同时以原始振动信号输入残差神经网络作为识别对比，另外对三类流量工况下的电流谐波分量特征进行提取和分析。

7.1　基于 CEEMDAN--SVM 的离心泵空化状态识别

7.1.1　模态分解理论

经验模态分解方法（empirical mode decomposition，EMD）在信号分解领域中应用较广，具有自适应性，适合处理非平稳信号，例如振动加速度信号。EMD 能将单个原始振动信号分解为一组的固有模态函数（intrinsic mode function，IMF），从而将信号中的不同特征尺度的成分分离出来，最终得到若干个固有模态函数 $IMF_i(t)$ 和一个残差 $r_n(t)$：

$$x(t)=\sum_{i=1}^{n}IMF_i(t)+r_n(t) \tag{7-1}$$

每个 IMF 信号分量必须满足两个条件：首先，在给定的时间范围内，函数的局部极值点数量和过零点数量应该相等或者最多只差一个；其次，在任何时刻，函数局部极值的上、下包络线的平均值都为零。

EMD 分解具体步骤如下。

（1）对于给定的原始振动信号 $x(t)$，获得其所有局部极值点，将所有局部极大值点和局部极小值点分别用一条曲线连接起来，得到原始振动信号的上、下包络线。

（2）记上、下包络线的平均值为 m_1，$x(t)$ 与 m_1 的差为 h_1，如下式：

$$h_1(t)=x(t)-m_1 \tag{7-2}$$

（3）判断 $h_1(t)$ 是否满足 IMF 的两个条件。如果满足特征条件，则 $h_1(t)$ 为第 1 个 IMF 分量；如果不是，令其为待处理信号，继续以上步骤，重复上述过程，直至得到符合条件第一个 IMF 分量，如下式：

$$r_1(t)=x(t)-IMF_1 \tag{7-3}$$

（4）将 $r_1(t)$ 作为新的信号，重复运行以上步骤，即可得到原始信号 $x(t)$ 的第 2 个 IMF 分量，其包含着较 IMF_1 低的频率成分。

重复执行上述操作，分别得到 r_1，r_2，…，r_n，当 $r_n(t)$ 是一个单调函数或者其 $r_n(t)$ 的绝对值很小，分解过程结束。这样，通过经验模态分解，信号 $x(t)$ 被分解为 n 个本征模函数 IMF 和一个余项 $r_n(t)$ 的线性和，如下式：

$$\begin{cases} r_1(t)-IMF_2(t)=r_2(t) \\ r_2(t)-IMF_3(t)=r_3(t) \\ \cdots \\ r_{n-1}(t)-IMF_n(t)=r_n(t) \end{cases} \tag{7-4}$$

经验模态分解存在模态混叠现象，即不同特征尺度的信号成分分配在同一个 IMF 分量中。集合经验模态分解方法（ensemble empirical mode decomposition，EEMD）利用了高斯白噪声具有频率均匀分布的统计特性，通过在原始信号中添加了频率均匀分布的高斯白噪声，使得信号在不同尺度上具有连续性以抑制经验模态分解中存在的模态混叠的现象，但分解结果残留白噪声且分解不完全。基于自适应噪声的完全集合经验模态分解（complete EEMD with adaptive noise，CEEMDAN）是针对集合经验模态方法的不足而提出的。它不是将高斯白噪声信号直接添加在原始振动信号中，通过加入经过 EMD 分解后含辅助噪声的 IMF 分量，并在得到第一阶 IMF 分量后就进行总体平均计算，得到最终的第一阶 IMF 分量，然后对残余部分重复进行如上操作。这样便有效地解决了白噪声从高频到低频的转移问题，CEEMDAN 算法具有更好的模态分解能力和更准确的模态识别能力。

7.1.2　仿真信号分解验证

离心泵的内部结构特殊，但仍属于离心泵类别，其振动信号源主要分为三类：机械激振信号、流体激振信号和外界噪声信号。其中机械激振信号主要由泵内运动部件周期性运动产生，可以反映出内部运动部件的工作状态，有助于检测设备是否存在故障，频率一般为泵对应的轴频、叶频及倍频成分，在频域中表现为低频窄带；流体激振信号由湍流和空化等流体现象造成，可以反映出离心泵内部液体的运动情况，有助于监测泵内是否存在空化等异常现象，频域表现为高频宽带分布；噪声信号为环境干扰和测试仪器带来噪声信号。空化状态下，离心泵振动信号形成过程如图 7–1 所示。

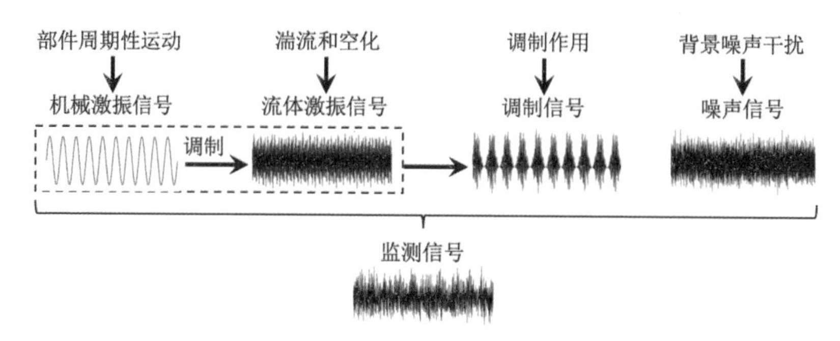

图 7–1　流体机械振动信号形成过程

对空化振动信号的表述并结合试验泵的额定转速，本章采用的仿真信号为多线谱载波信号，由模拟轴频的 50 Hz 余弦载波信号和三条独立的高频信号相互调制而成，并加入高斯白噪声，仿真信号如下式所示：

$$x(t)=\left[1+A_m\cos\left(2\pi f_m t\right)\right]\sum_{i=1}^{z}B_i\cos\left(2\pi f_i t\right)+n(t) \tag{7–5}$$

式中，A_m 设为 1，f_m 设为 50 Hz，z 设为 3，f_1、f_2、f_3 分别设为 1 200 Hz、2 100 Hz、3 500 Hz，B_1，B_2，B_3 分别为 0.8、0.4、0.6，通过调节高斯白噪声 $n(t)$ 的功率，使得仿真信号的信噪比为 10 dB。

分别使用 EMD、EEMD 和 CEEMDAN 对多线谱载波含噪信号进行分解，得到分量结果如图 7–2 至图 7–4 所示。图 7–2 为 EMD 分解结果，它将原始信号分解为 6 阶 IMF 分量，其中第 6 阶 IMF 较好地分离出了模拟试验泵轴频的 50 Hz 载波信号。但是，EMD 在分解出的分量中出现了模态混叠现象，除第 6 阶 IMF 以外，同一特征尺度的 IMF 波形有较大差异，第 2 阶 IMF 的频域中含有许多宽频噪声。图 7–3 为 EEMD 分解结果，得到 8 阶 IMF 分量。高频分量的模态混叠现象有所减弱，但在低频分量处仍然存在。相比 EMD，EEMD 不能完整地分离出模拟轴频的 50 Hz 余弦载波信号。图 7–4 显示了 CEEMDAN 分解结果，结果得到 9 阶 IMF 分量。模拟轴频的 50 Hz 余弦载波信号被分解至第 7、8 阶 IMF 中，并且整体波形与 50 Hz 余弦信号保持一致，相较于 EMD，CEEMDAN 的低阶 IMF 分量频率成分独立性更强，相较于 EEMD，CEEMDAN 的中高阶 IMF 分量的频带更窄，频率更集中。整体上来看 CEEMDAN 没有出现大尺度的模态混叠现象，因此从多线谱载波含噪信号的分解效果来看 CEEMDAN 的分解效果较 EMD 和 EEMD 更佳。

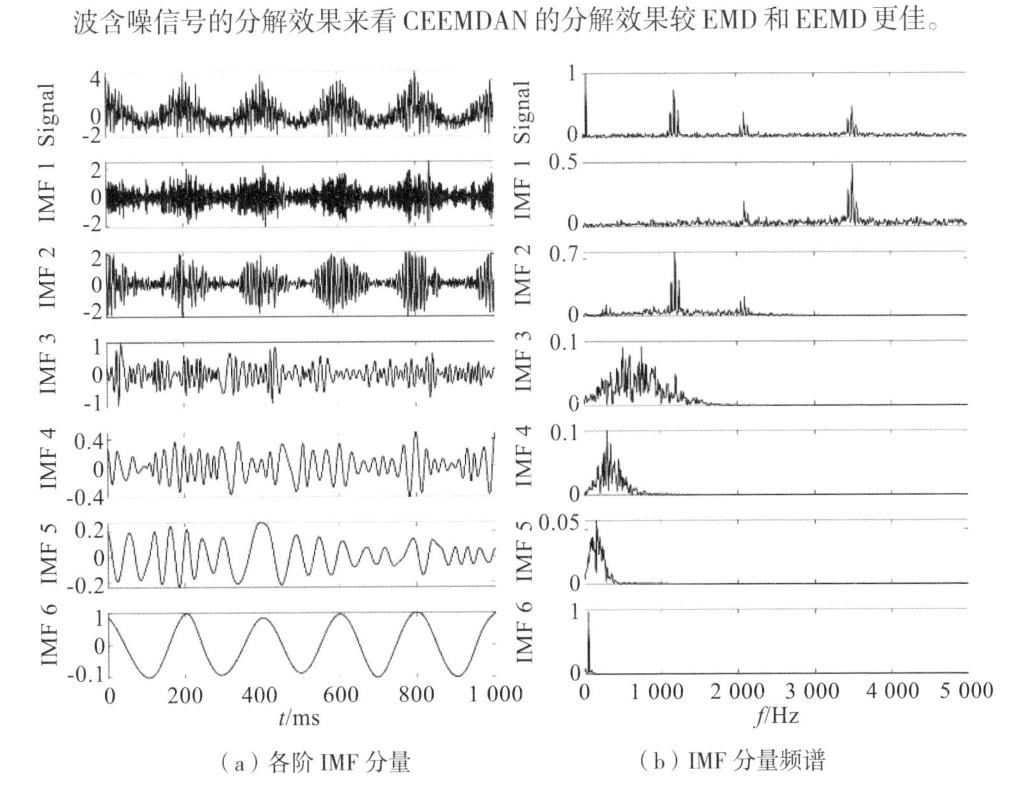

（a）各阶 IMF 分量　　（b）IMF 分量频谱

图 7-2　EMD 分解仿真信号

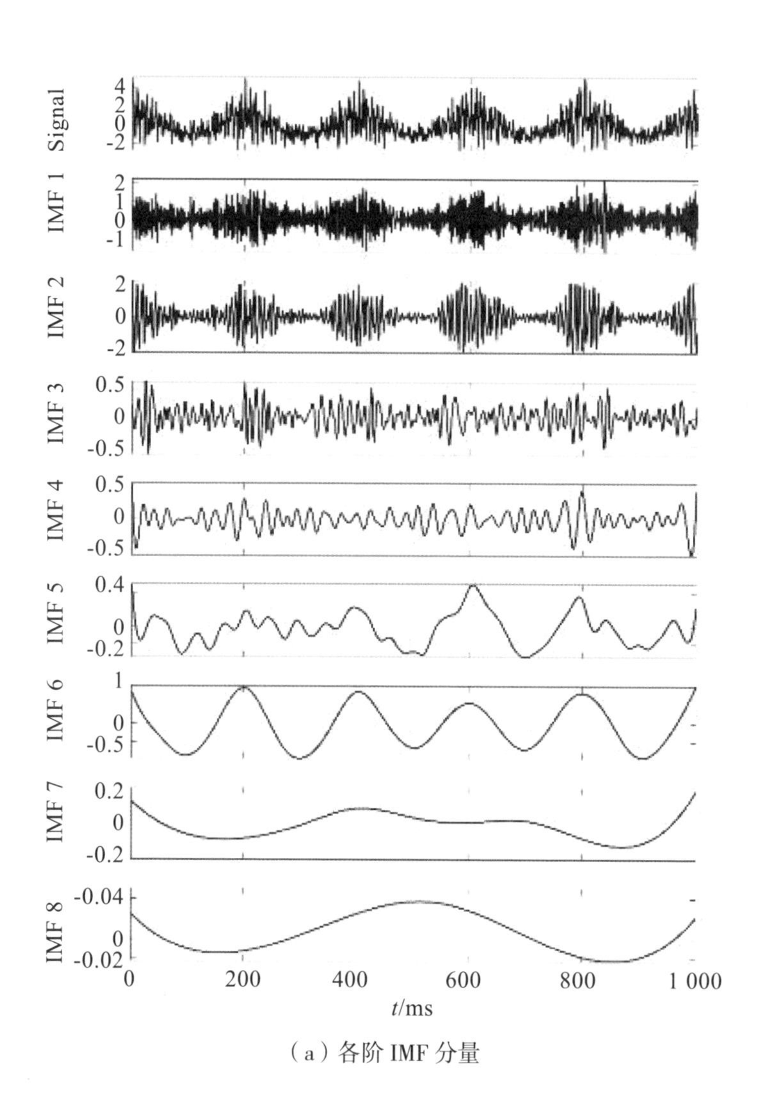
Signal
4
2
0
-2
IMF 1
2
1
0
-1
IMF 2
2
0
-2
IMF 3
0.5
0
-0.5
IMF 4
0.5
0
-0.5
IMF 5
0.4
0
-0.2
IMF 6
1
0
-0.5
IMF 7
0.2
0
-0.2
IMF 8
-0.04
0
-0.02
0
200
400
600
800
1 000
t/ms

（a）各阶 IMF 分量

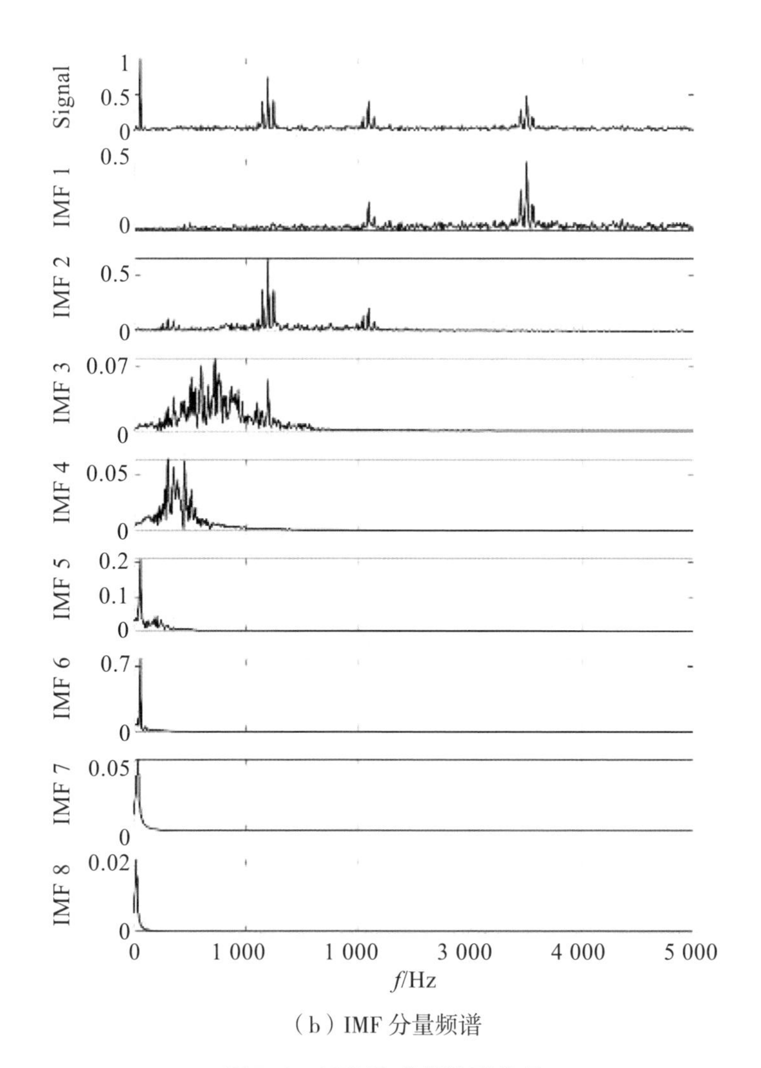

（b）IMF 分量频谱

图 7–3　EEMD 分解仿真信号

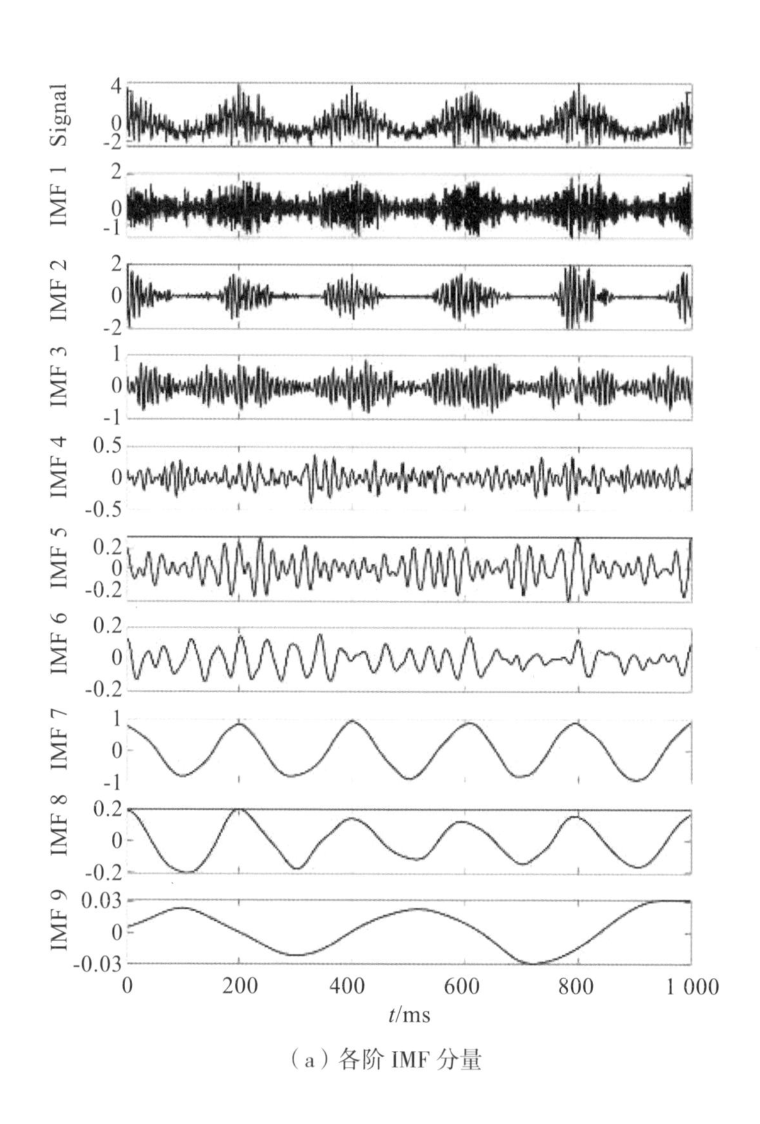

（a）各阶 IMF 分量

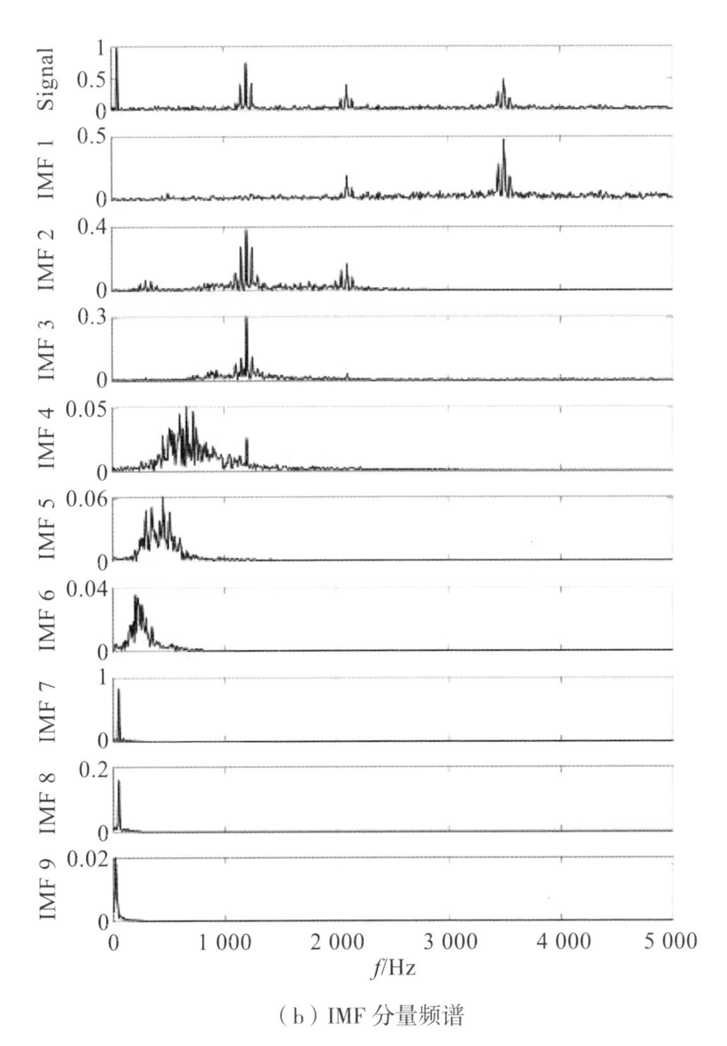

（b）IMF 分量频谱

图 7–4　CEEMDAN 分解仿真信号

7.1.3　实验振动信号模态分解

在空化试验过程中，离心泵的振动会引发试探台周围其他部件的振动，从而产生低频振动信号，这些低频信号的出现对真实信号产生干扰。而在模态分解后的各阶 IMF 分量中，高阶 IMF 频率越低，对低频 IMF 分量的选择性剔除，意味着减小周围低频振动对由空化引起的振动信号的干扰，从而达到降噪的目的，因此本章主要对频率高于轴频的 IMF 进行分析和特征提取。

首先针对空化实验中获得不同空化状态下的泵壳 x 轴监测点振动信号，采用 CEEMDAN 进行模态分解。如图 7–5 为不同空化状态下振动信号模态分解后的 IMF 时域图，图 7–6 为前 8 阶 IMF 的频域图。观察图 7–5 发现，在四类不同空化状态下，CEEMDAN 均能在第 7、8 阶分解出轴频成分，通过图 7–6 发现，在第 1、2 阶 IMF 分量表现出宽频特性，第 8 阶和第 9 阶 IMF 主频幅值之和恰好为原始信号的主频幅值。在 NSPH 0% 状态下，分离出的轴频分量的波形较符合原始信号波形，随着空化发生第 7、8 阶 IMF 分量的波形发生较大的变化，且空化越严重此 2 阶波形与原始信号波形差异越大，这是由于空化导致试验泵轴频附近出现了特殊频率。NPSH 1% 和 NPSH 3% 状态下的第 2 阶 IMF 出现了较多的脉冲成分，这是可能是由于空泡的产生与溃灭产生了冲击信号。

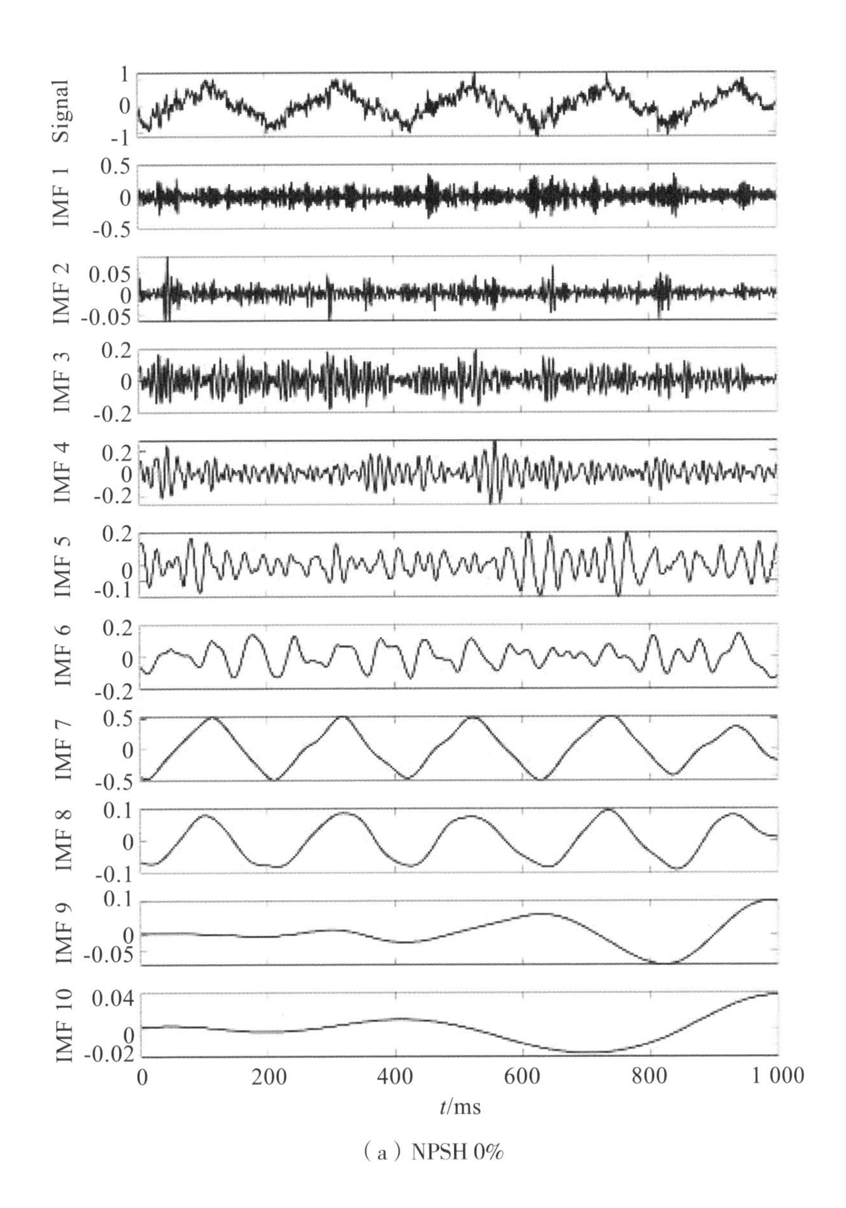

Signal
1
0
-1
IMF 1
0.5
0
-0.5
IMF 2
0.05
0
-0.05
IMF 3
0.2
0
-0.2
IMF 4
0.2
0
-0.2
IMF 5
0.2
0
-0.1
IMF 6
0.2
0
-0.2
IMF 7
0.5
0
-0.5
IMF 8
0.1
0
-0.1
IMF 9
0.1
0
-0.05
IMF 10
0.04
0
-0.02
0
200
400
600
800
1 000
t/ms

（a）NPSH 0%

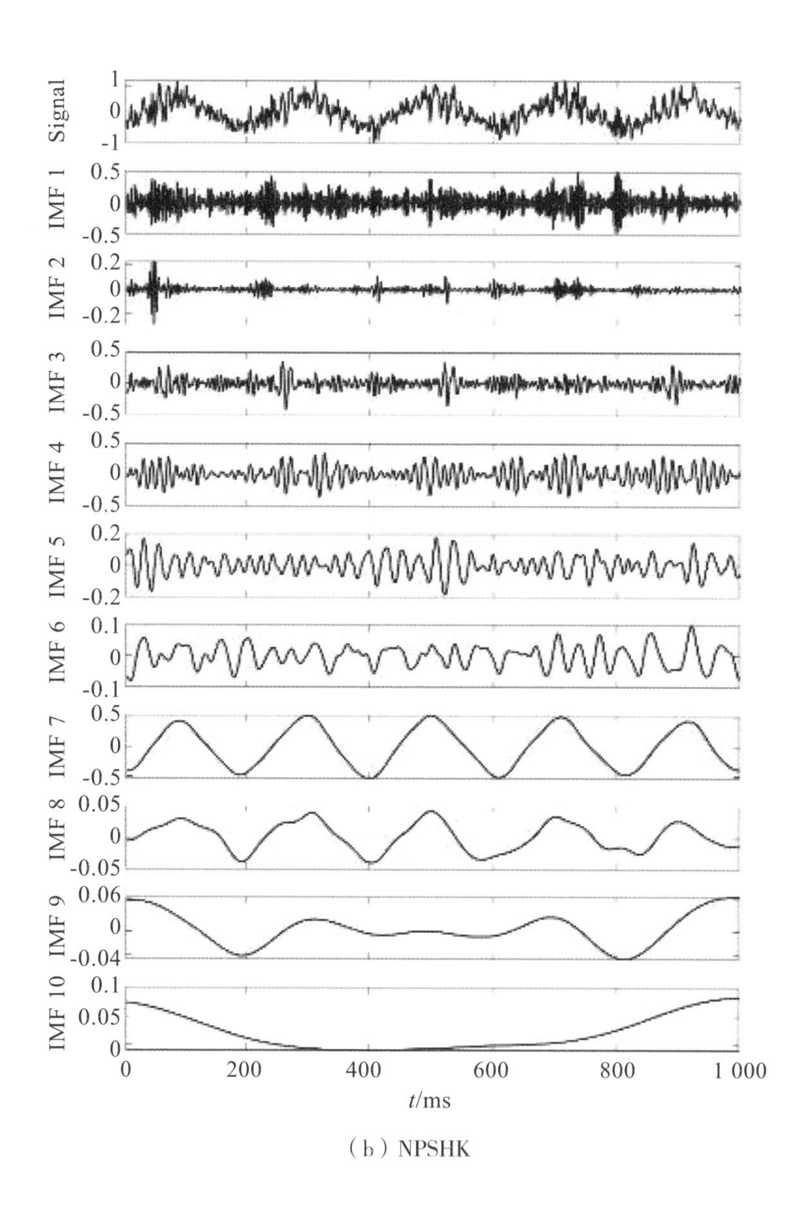
Signal
1
0
-1
IMF 1
0.5
0
-0.5
IMF 2
0.2
0
-0.2
IMF 3
0.5
0
-0.5
IMF 4
0.5
0
-0.5
IMF 5
0.2
0
-0.2
IMF 6
0.1
0
-0.1
IMF 7
0.5
0
-0.5
IMF 8
0.05
0
-0.05
IMF 9
0.06
0
-0.04
IMF 10
0.1
0.05
0
0
200
400
600
800
1 000
t/ms

（b）NPSHK

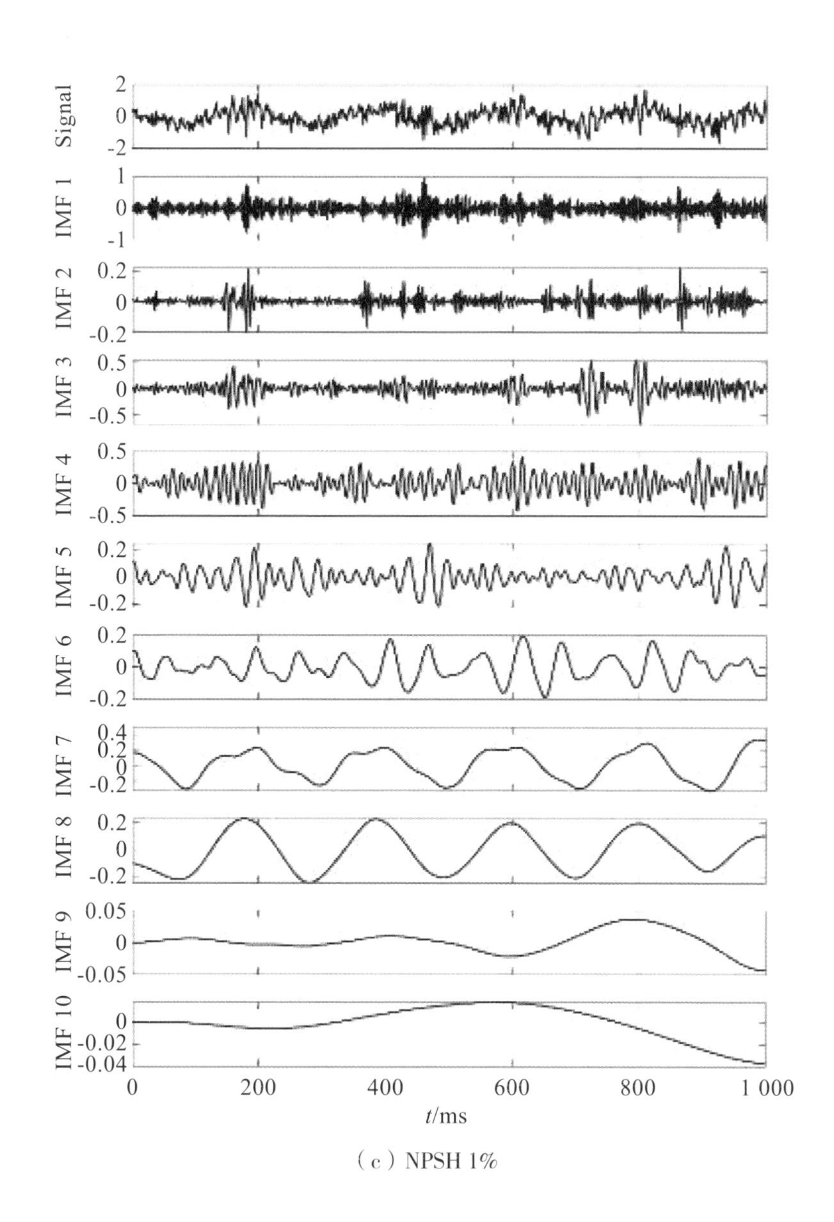

Signal
IMF 1
IMF 2
IMF 3
IMF 4
IMF 5
IMF 6
IMF 7
IMF 8
IMF 9
IMF 10
2
0
-2
1
-1
0.2
-0.2
0.5
-0.5
0.4
0.05
-0.05
-0.02
-0.04
0
200
400
600
800
1 000
t/ms

（c）NPSH 1%

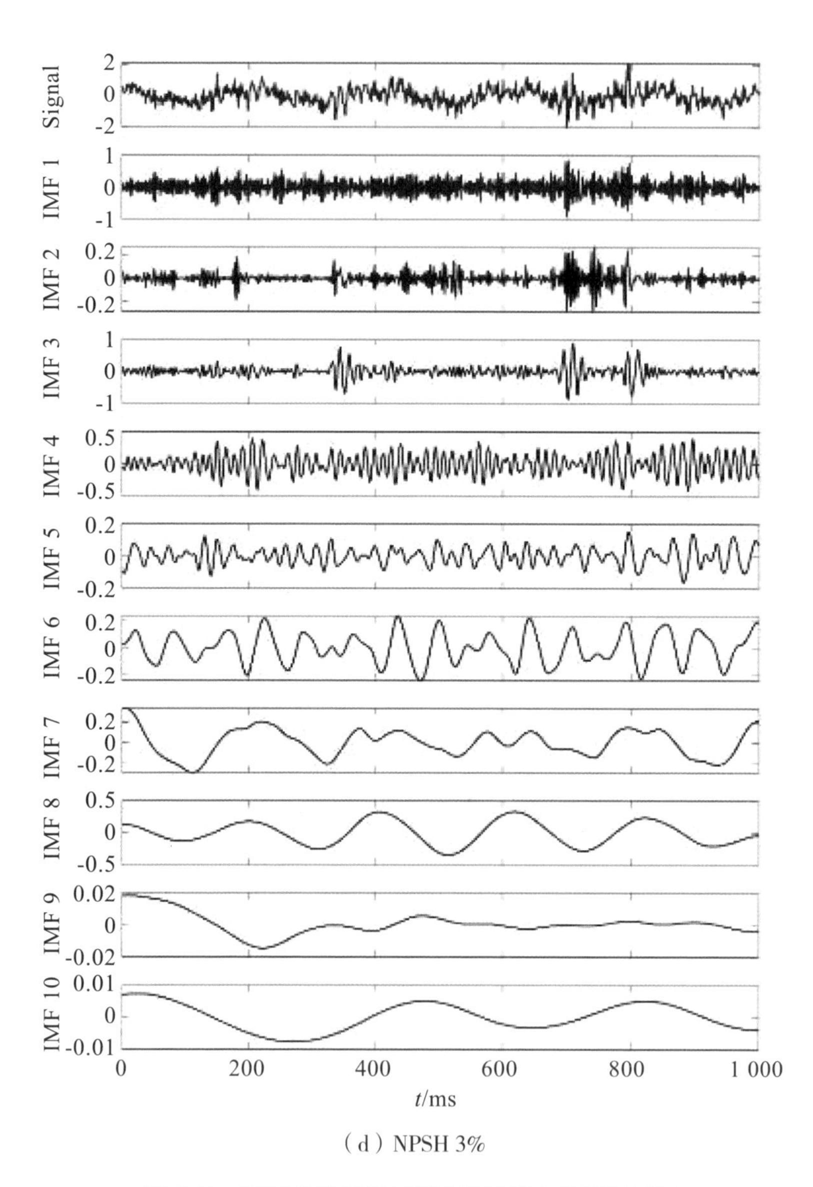

（d）NPSH 3%

图 7-5　不同空化状态下振动信号模态分解时域图

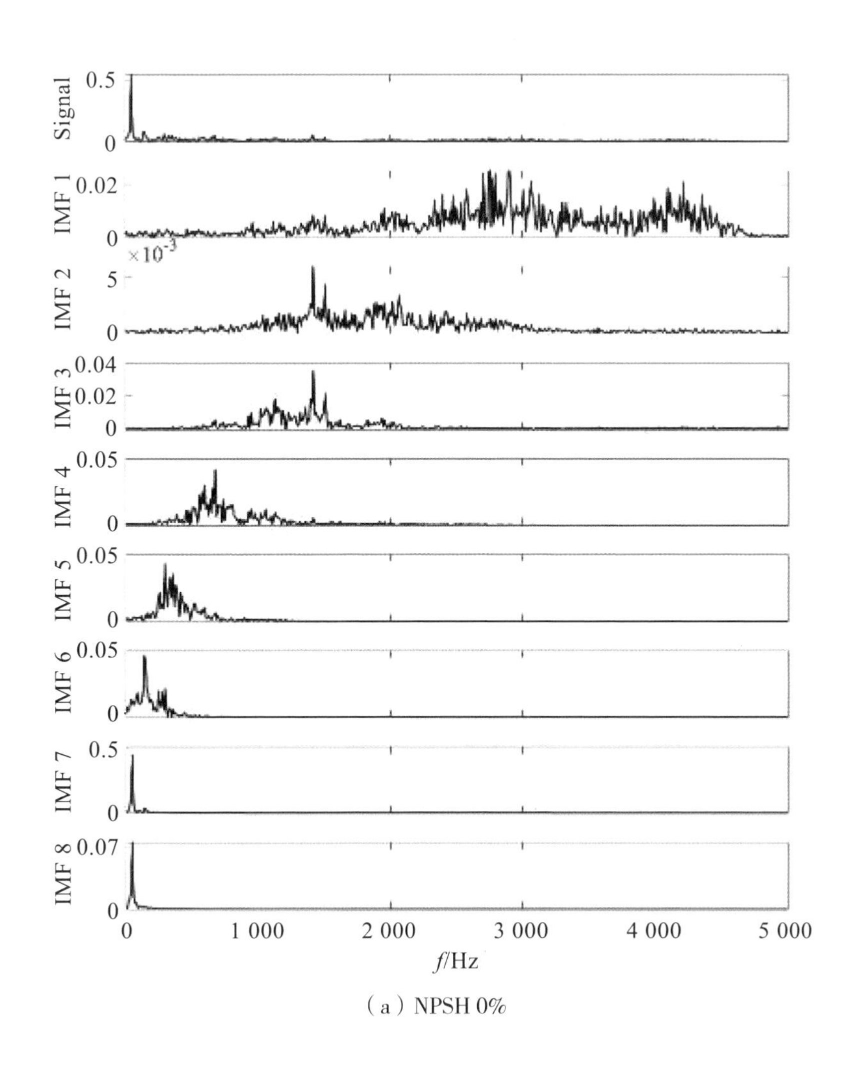

Signal
0.5
0
IMF 1
0.02
0
×10⁻³
IMF 2
5
0
IMF 3
0.04
0.02
0
IMF 4
0.05
0
IMF 5
0.05
0
IMF 6
0.05
0
IMF 7
0.5
0
IMF 8
0.07
0
0
1 000
2 000
3 000
4 000
5 000
f/Hz

（a）NPSH 0%

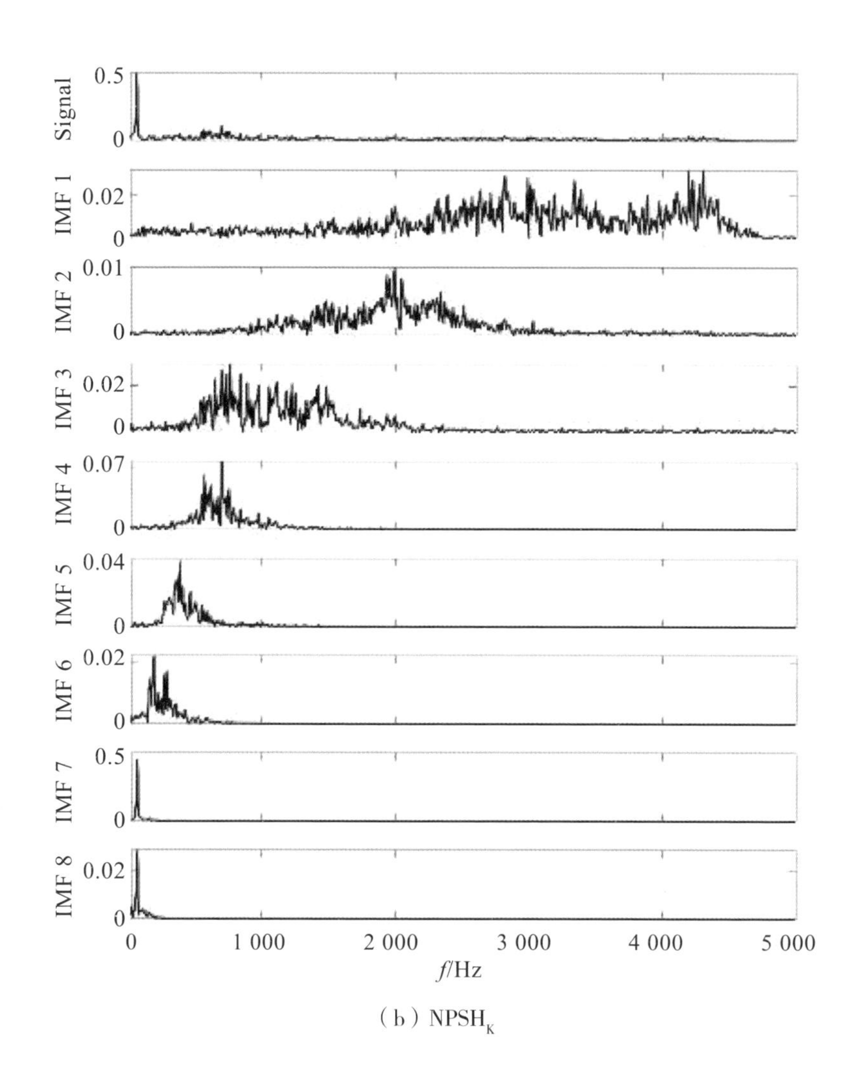
Signal
0.5
0
IMF 1
0.02
0
IMF 2
0.01
0
IMF 3
0.02
0
IMF 4
0.07
0
IMF 5
0.04
0
IMF 6
0.02
0
IMF 7
0.5
0
IMF 8
0.02
0
0
1 000
2 000
3 000
4 000
5 000
f/Hz

（b）$NPSH_K$

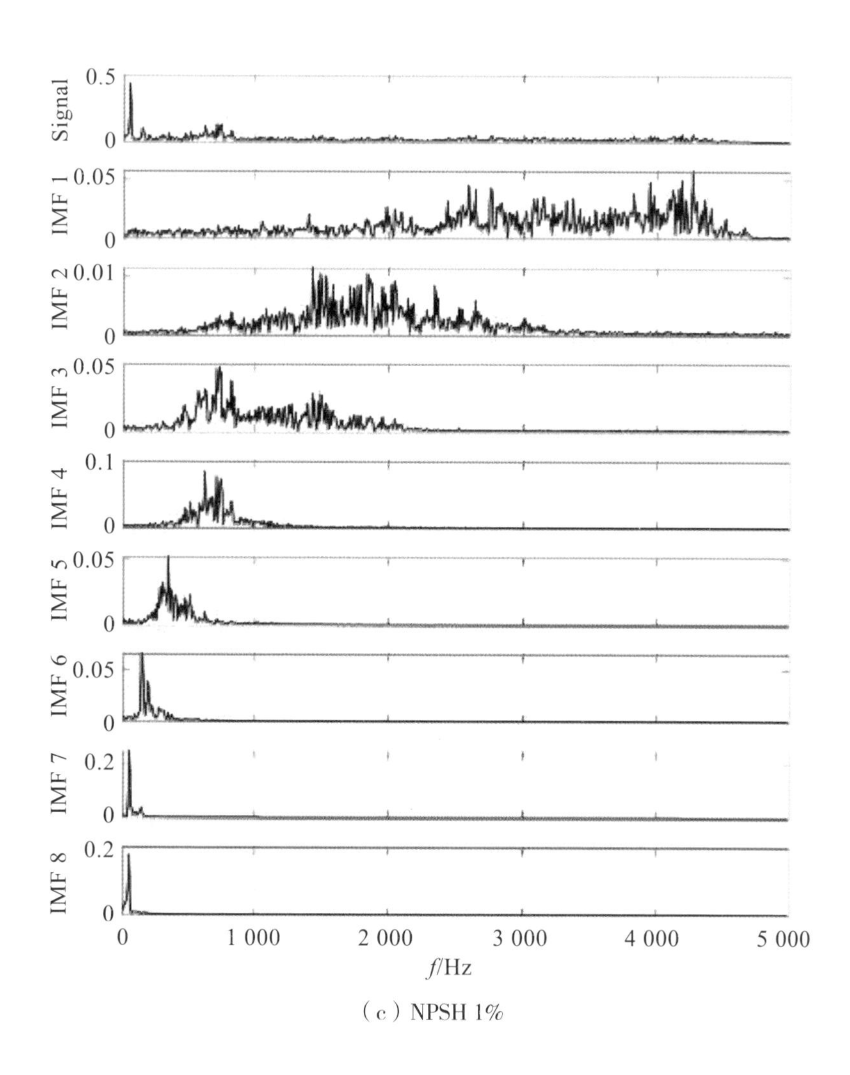
Signal
0.5
0
IMF 1
0.05
0
IMF 2
0.01
0
IMF 3
0.05
0
IMF 4
0.1
0
IMF 5
0.05
0
IMF 6
0.05
0
IMF 7
0.2
0
IMF 8
0.2
0
0
1 000
2 000
3 000
4 000
5 000
f/Hz

（c）NPSH 1%

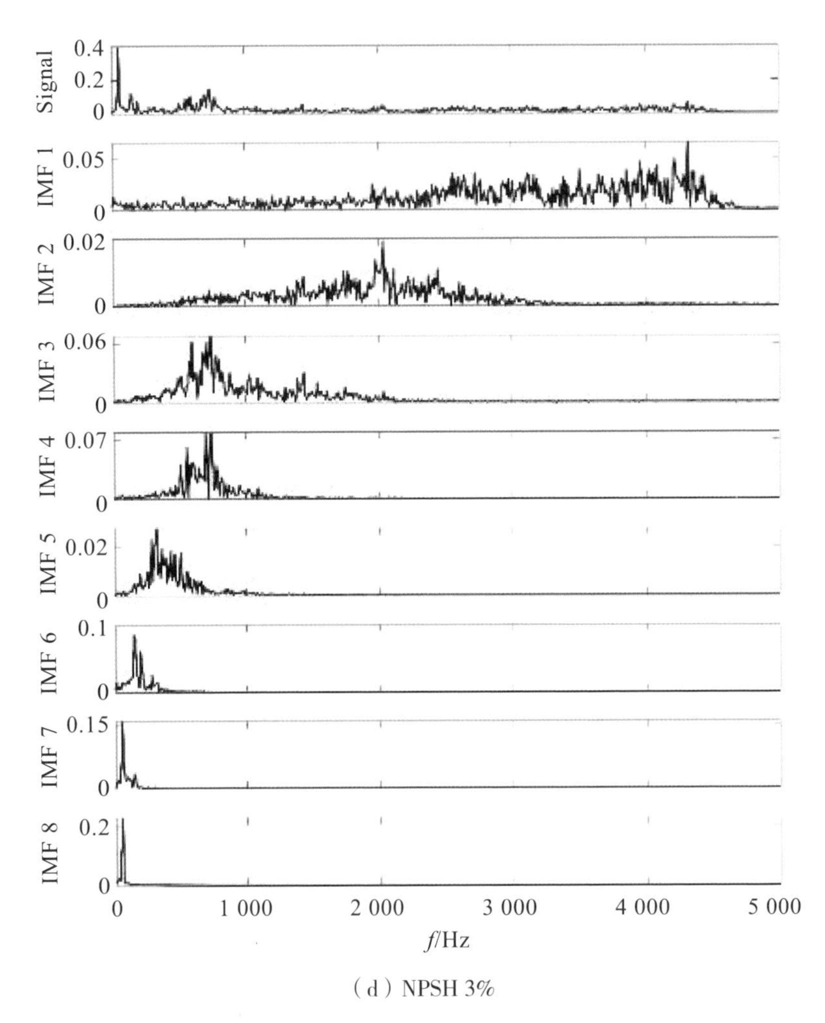

（d）NPSH 3%

图 7–6　不同空化状态下振动信号模态分解频域图

本书通过相关系数来评定 CEEMDAN 分解后的各阶 IMF 分量与原始信号之间的相关程度，该系数是由卡尔·皮尔逊提出的，定义为秩变量之间的相关系数，计算公式如下：

$$r = \frac{\sum_i^n (x_i - \bar{x})(y_i - \bar{y})}{\sqrt{\sum_i^n (x_i - \bar{x})}\sqrt{\sum_i^n (y_i - \bar{y})}} \tag{7-6}$$

式中：r 表示两个变量 x、y 之间的线性相关程度，r 的值在 -1 和 +1 之间；$x=[x_1, x_2, \cdots, x_n]$，$y=[y_1, y_2, \cdots, y_n]$；$\bar{x}$、$\bar{y}$ 分别为 x_i、y_i 的平均值。

对 3 类空化状态下的各阶 IMF 分量进行相关系数计算，前 8 阶 IMF 结果如图 7-7 所示，从前三阶 IMF 来看，空化程度越严重，IMF 与原始信号的相关性越强，而位于第 7、8 阶代表轴频的 IMF 分量与原始信号的相关性减弱。IMF 阶数越低，代表该分量中占有高频振动成分越多，说明随着试验泵的空化程度加剧，空化引起流体激振，振动信号中出现了高频成分，而这些高频成分被分离至低阶 IMF 分量中。

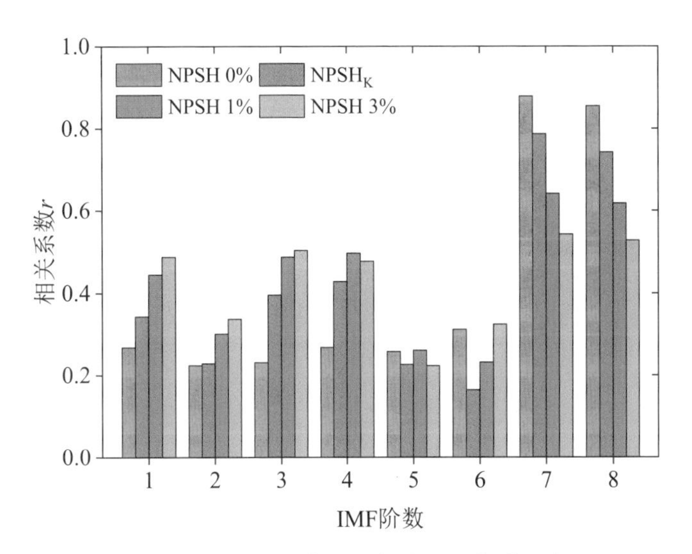

图 7-7　实验振动信号各阶 IMF 相关系数

从第 7.2 小节的振动信号频域分析中可以看出，在空化试验的过程中相同监测点的不同频段的振动信号有着不同的变化。而从图 7-5 和图 7-6 可以看出，不同 IMF 代表不同频段的频域信号，因此通过各阶 IMF 的分析可以获得振动信号在不同频段之间的变化规律。不同 IMF 分量的能量能反映试验泵振动信号在不同频段内的能量，对振动信号经过 CEEMDAN 分解的各阶 IMF 进行信号能量计算，计算公式如下：

$$P_i = \int_{-\infty}^{+\infty} \left|\mathrm{IMF}_i(t)\right|^2 \mathrm{d}t \tag{7-7}$$

$$E_i = \frac{P_i}{\sum_{i=1}^{n} P_i} \tag{7-8}$$

式中，IMF_i 为试验泵振动信号经 CEEMDAN 分解后得到的第 i 阶 IMF 分量，i=1，2，3，…，n。

对 NPSH 0%、NPSHK、NPSH 1%、NPSH 3% 四类空化状态下的振动信号的各阶 IMF 分量进行能量计算，所得结果如表 7–1 所示。NPSH 0% 和 NSPHK 状态下，代表轴频成分的第 7 阶 IMF 能量最高，分别约占前 8 阶能量的 77.3% 和 67.0%，空化程度加剧，其占比减小。NPSH 1% 和 NPSH 3% 状态下，第 1 阶 IMF 能量最高，分别占 26.9% 和 33.9%。其中第 1、2、3、4 阶 IMF 能量随着 NPSH 降低而增大。不同空化状态下，前 6 个 IMF 能量分别占据占前 8 阶 IMF 总能量的 17.8%、32.7%、59.2%、70.6%，表明空化加剧，高频成分的信号能量占比逐渐变大。

表 7–1　各阶 IMF 分量能量（J）

IMF 分量	NPSH 0%	$\mathrm{NPSH_K}$	NPSH 1%	NPSH 3%
IMF_1	10.01	21.10	44.43	60.84
IMF_2	0.19	1.00	1.62	3.39
IMF_3	3.65	8.54	12.38	13.36
IMF_4	4.29	17.39	27.38	33.52
IMF_5	4.11	3.97	3.65	3.28
IMF_6	4.03	1.20	8.21	12.13
IMF_7	114.13	108.92	52.04	11.01
IMF_8	7.16	0.49	15.28	41.78

7.1.4　特征构建及评估

首先分别对原始振动信号进行样本划分，每类样本以无重叠的方式进行样本段划分。样本段长度取值为 1024，其中约包含试验泵的 5 个旋转周期，每类空化状态下的所得样本段个数为 166 个。

本书对 NPSH 0%、NPSHK、NPSH 1%、NPSH 3%、NPSH 5% 和 NPSH 8% 共 6 类空化状态进行识别，分别构建时域特征向量、频域特征向量和 IMF 能量特征向量作为对比识别。时域特征向量由标准差、均方根、峰值因子、峭度、脉冲指标、斜度、裕度指标、波形因子构成，记为 T_s，频域特征向量由频谱均值、重心频率、均方频率、均方根频率、频率方差构成，记为 T_f。对每个样本段进行 CEEMDAN 分解，得到各阶 IMF 分量，选取频率高于轴频的 IMF 作为有效分量，即前六阶 IMF 分量，并计算其能量 E_i，i 为 IMF 分量阶数，构成 IMF 能量特征向量 Te=[E_1，E_2，E_3，E_4，E_5，E_6]。

为评估特征的质量，考虑将高维数据进行降维，再在二维空间可视化，观察其聚集性。t- 分布随机近邻嵌入算法是一种非线性流行学习算法，可以实现高维非线性数据的降维。本书提取了振动加速度信号的 8 维时域特征 T_s、5 维频域特征 T_f、IMF 分量能量特征 T_e。分别将 T_s、T_f 和 T_e 进行 T-sne 降维分析，维数为 2，在二维空间中分布如图 7-8 所示。

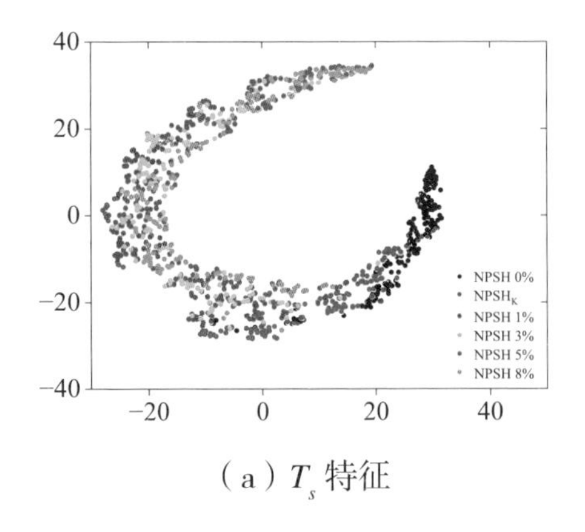

（a）T_s 特征

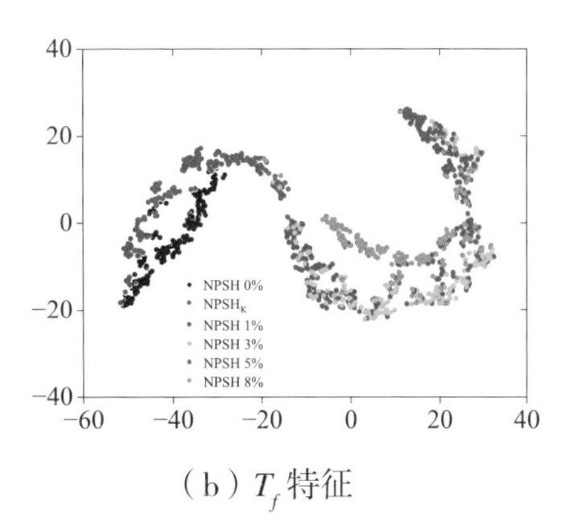

（b）T_f 特征

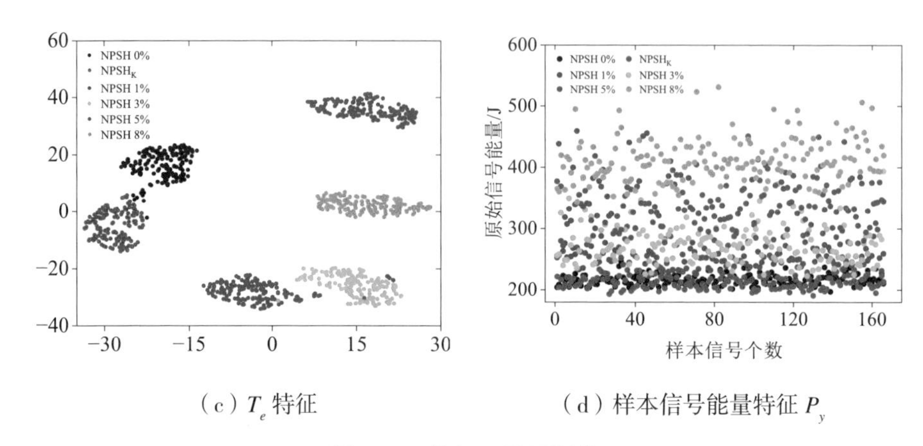

（c）T_e 特征　　　　（d）样本信号能量特征 P_y

图 7-8　特征二维可视化

可以看出时域特征 T_s 的识别效果较差，经过降维后 T_s 特征能大致分离出 NPSH 0%、NPSHK 两类状态，但是无法分离其他空化状态下的样本点。T_f 特征的各类空化状态的聚集性较时域特征 T_s 而言要好，尤其以 NPSH 0%、NPSHK、NPSH 8% 三类状态最佳，但很难区别 NPSH 3%、NPSH 5% 和 NPSH 8%。IMF 能量特征 T_e 在二维空间中聚集性最好，仅有少数样本点错误归类。为提取原始振动信号的能量 P_y，P_y 为一维特征，通过观察特征点在 y 轴方向的分布情况可知，六类空化状态振动信号的能量特征较为分散，说明原始振动信号能量特征不能有效反映空化的发生，证明了振动信号经 CEEMDAN 分解得到的 IMF 能量特征的有效性。

7.1.5　贝叶斯优化支持向量机识别

支持向量机由 Vapnik 等提出，是一种用于数据分类分析和回归分析的有监督学习模型，该模型引入了核映射的思想，提高数据的线性可分性，在高维空间中实现线性可分。其核心思想是在高维特征空间中找到一个能将不同标签的点分隔开且与其间隔距离最远的超平面，如图 7-9 所示。这个最优超平面拥有受样本影响最小，泛化能力最佳等特点。

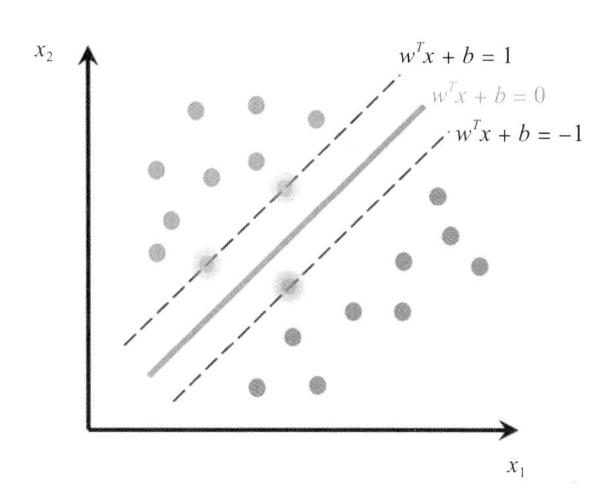

图 7–9　支持向量机超平面图

在特征空间中，对训练样本集 T 如式（4–9），寻找一个能将不同类别的样本区分的最优平面，因此，该超平面所对应的模型如式（7–10）。

$$T = \{(x_1, y_1), (x_2, y_2), \cdots, (x_i, y_i)\}, y_i \in \{-1, +1\} \tag{7–9}$$

$$f(x) = \omega^T \phi(x) + b \tag{7–10}$$

式中：ω 为法向量，代表超平面的方向；$\phi(x)$ 表示将 x 映射到高维后的特征函数；b 为位移项，代表原点与超平面间的距离。ω 和 b 决定了超平面的形态。如果该平面能完全正确的划分所有点的类别，那么存在：

$$\begin{cases} \omega^T \phi(x_i) + b \geqslant +1, y_i = +1 \\ \omega^T \phi(x_i) + b \leqslant -1, y_i = +1 \end{cases} \tag{7–11}$$

“支持向量”表示离超平面最近的样本点，则不同类别的支持向量机到超平面的间隔为

$$s = \frac{2}{\|\omega\|} \tag{7–12}$$

在实际情况中，待分类数据往往为非线性数据。考虑到原始空间中很难存在一个能将样本点完全分隔的超平面，故需要将样本集合映射到高维

空间，为了提高模型在高维空间中的运算效率，引入核函数 $K(x_i \cdot y_i)$，较常见的核函数有线性核函数、多项式核函数、径向基核函数，其中径向基核函数具有较宽的收敛域，应用最广泛，表达式为

$$K\left(x_i \cdot x_j\right) = \exp\left(-g\left\|x_i - x_j\right\|\right)^2 \quad (7\text{–}13)$$

式中，g 为核函数参数。

本章采用径向基核函数来建立支持向量机分类模型：

$$f\left(x\right) = \mathrm{sgn}\left\{\left(\sum_{j=1}^{N} a_j^* y_j K\left(x_i \cdot x_j\right) + b^*\right)\right\} \quad (7\text{–}14)$$

式中，a_j 为每类样本对应的 Lagrange 因子，$0 \leqslant a_j \leqslant C$，$C$ 为惩罚因子；b_j 为偏置量；$K(x_i \cdot y_i)$ 为 RBF 核函数。

支持向量机的分类效果取决于超参数的选择，在本书中超参数为核函数参数 g 和惩罚因子 C。贝叶斯优化是一种用于求解未知函数极值问题的黑盒优化算法，它通过建立目标函数的概率模型来寻找全局最优解，利用贝叶斯推理更新目标函数的后验分布，并使用采集函数来平衡探索和利用。它常用于处理高维、无梯度和计算代价昂贵的问题。贝叶斯公式表示两个随机事件的条件概率之间的关系，其表达式为

$$P\left(\mathrm{M}_i|\mathrm{N}\right) = \frac{P\left(\mathrm{M}_i\right)P\left(\mathrm{N}|\mathrm{M}_i\right)}{\sum_{j=1}^{n} P\left(\mathrm{M}_j\right)P\left(\mathrm{N}|\mathrm{M}_j\right)} \quad (7\text{–}15)$$

式中，P(M|N) 是已知 N 发生后 M 的条件概率，即在 N 发生后的情况下 M 发生的可能性，称 P(M|N) 为 M 的后验概率；同理 P(N|M) 称为 N 的后验概率；P(M) 由于不考虑任何 N 的影响因素，故称为 M 的先验概率。

本书选择贝叶斯优化作为 SVM 的参数寻优算法，流程图如图 7–10，具体过程为：

（1）初始化模型，即生成一个初始超参数集合，并对每个超参数组

合进行评估，以交叉验证的平均测试准确率为评估指标；

（2）用高斯过程建立或更新目标函数，并计算每个位置处目标函数值的均值和方差；

（3）使用采集函数确定下一个参数组合的位置，并对其进行评估；

（4）将新评估点加入已有数据点中，并更新高斯过程模型；

（5）当迭代次数达到设置的最大次数时，停止迭代；

（6）从所有评估点中选择最佳超参数组合作为最终结果，即输出 SVM 模型的 C 和 g。

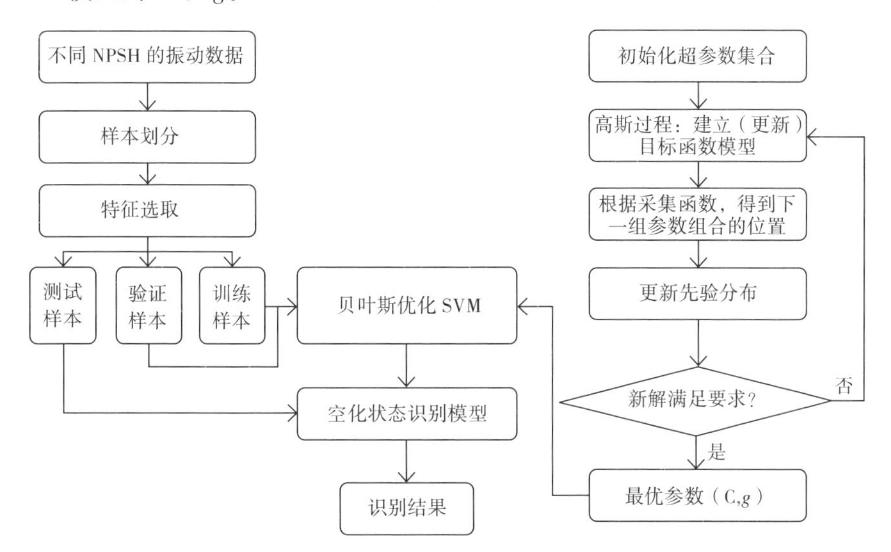

图 7-10　贝叶斯优化 SVM 识别模型流程

本书对三类流量工况下的试验泵振动信号进行空化状态识别，用于输入 BOA-SVM 的特征分别为时域特征 T_s、频域特征 T_f 和 IMF 分量能量构成的特征 T_e，采用留出法，按照 60%、10%、30% 的比例分布划分出训练集、验证集及测试集。将训练集和验证集数据输入 BOA-SVM 模型中进行数据训练，完成训练后，输入测试集来获取空化识别效果，由识别结果的真正率和假负率组成混淆矩阵如图 7-11 ~ 图 7-13 所示，不同特征识别率如表

7-2 所示。混淆矩阵中的标签 1 代表 NPSH 0%、标签 2 代表 NPSHK、标签 3 代表 NPSH 1%、标签 4 代表 NPSH 3%、标签 5 代表 NPSH 5%、标签 6 代表 NPSH 8%。可以看出同样采用贝叶斯优化 SVM 模型，时域特征的识别结果最差，三类流量工况下平均识别准确率为 80.6%，工况 Q=35 m^3/h 的错误分类主要集中在 NPSH 0%、NPSHK、NPSH 1% 三类空化状态，平均识别准确为 80.6%。频域特征的识别结果较时域特征要好，平均识别率为 86.6%。而本书提出的基于 CEEMDAN 分解得到的 IMF 分量能量特征组成的特征识别准确率最高，三类工况下的平均识别准确率为 96.8%。

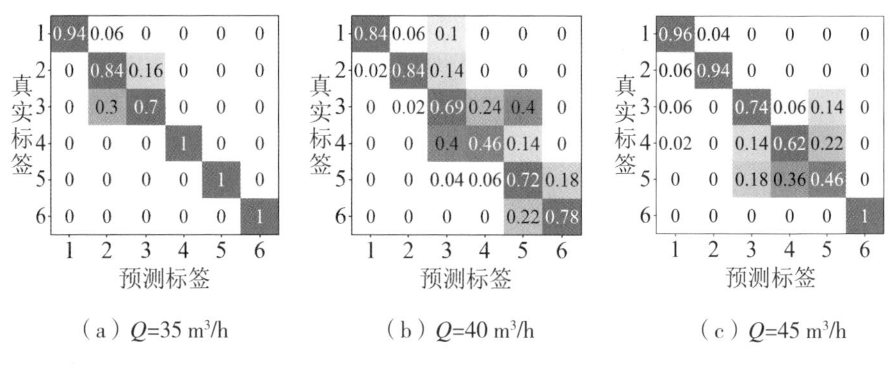

（a）Q=35 m^3/h （b）Q=40 m^3/h （c）Q=45 m^3/h

图 7-11 不同流量工况下 T_s 特征识别结果

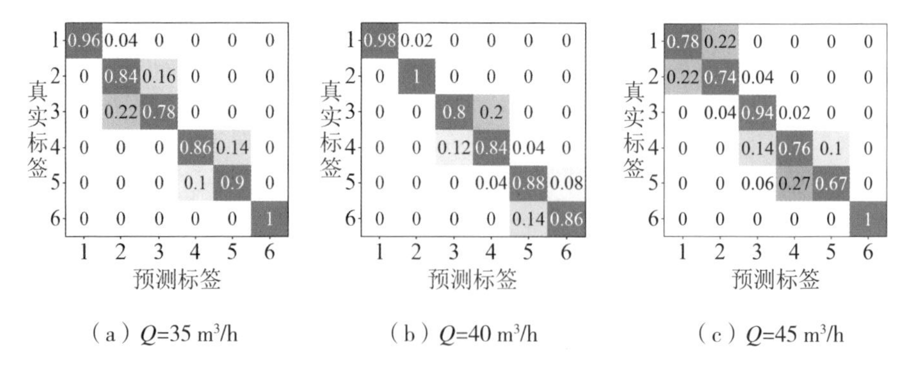

（a）Q=35 m^3/h （b）Q=40 m^3/h （c）Q=45 m^3/h

图 7-12 不同流量工况下 T_f 特征识别结果

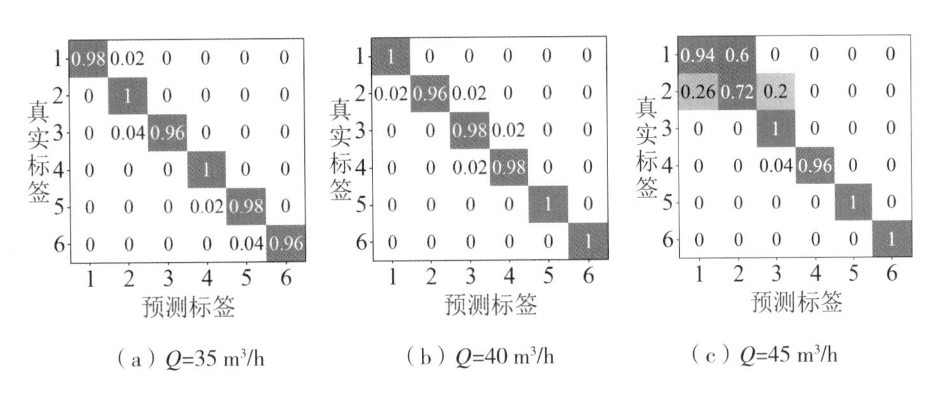

（a）Q=35 m³/h　（b）Q=40 m³/h　（c）Q=45 m³/h

图 7–13　不同流量工况下 T_e 特征识别结果

表 7–2　不同流量工况下 BOA–SVM 测试集识别准确率（%）

工况	Q=35 m³/h	Q=40 m³/h	Q=45 m³/h	平均准确率
T_s	91.3	72.1	78.5	80.6
T_f	88.9	89.3	81.5	86.6
T_e	98.0	98.7	93.6	96.8

本书采用了决策树、朴素贝叶斯、KNN 模型等常见的分类方法作为对比。图 7–14 为不同特征输入下的各个分类模型识别准确率结果，可以发现 BOA–SVM 在各种特征输入下都表现出了最高的识别准确率，而决策树则表现出了较低的识别准确率，在以 IMF 能量特征作为输入时识别准确率为 78.3%。当输入特征为 IMF 能量时，朴素贝叶斯和 BOA–SVM 达到了相同的识别准确率 96.8%，但是从整体上看 BOA–SVM 仍然具有更好的分类性能。

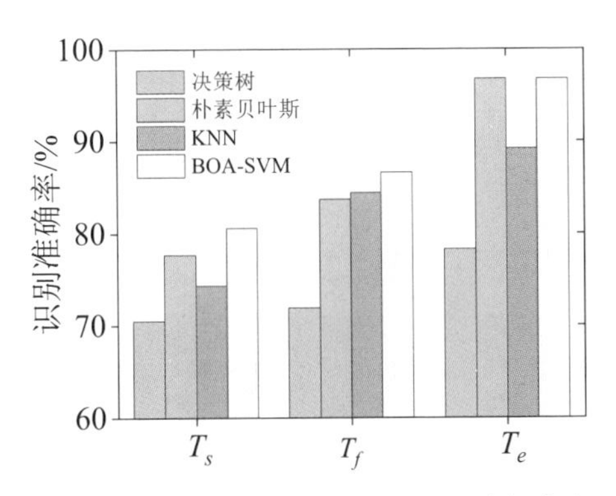

图 7–14　不同分类器的平均识别准确率

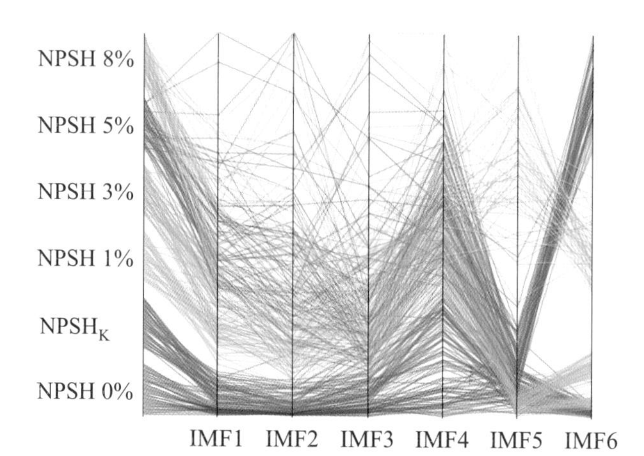

图 7-15 IMF 能量平行坐标图

将前 6 阶 IMF 能量绘制在平行坐标图上，如图 7-15 所示，解释了 IMF 能量特征区分度较好的原因，NPSH 0% 和 NPSHK 状态下的第 1、2、3、4 阶 IMF 能量特征明显低于其他空化状态，而 NPSH 1%、NPSH 3%、NPSH 5% 和 NPSH 8% 空化状态下在前 4 阶 IMF 分量处不易区分，而在第 6 阶 IMF 能量处，NPSH 3%、NPSH 5% 和 NPSH 8% 能够明显区分开来，虽然在第 6 阶 IMF 能量处 NPSH 0% 与 NPSHK 状态存在大量重叠，但由于前 4 阶 IMF 能量特征已经区分了 NPSH 0% 与 NPSHK 状态，实现了“互补”，所以 IMF 能量特征有着较好的区分空化特征的能力。

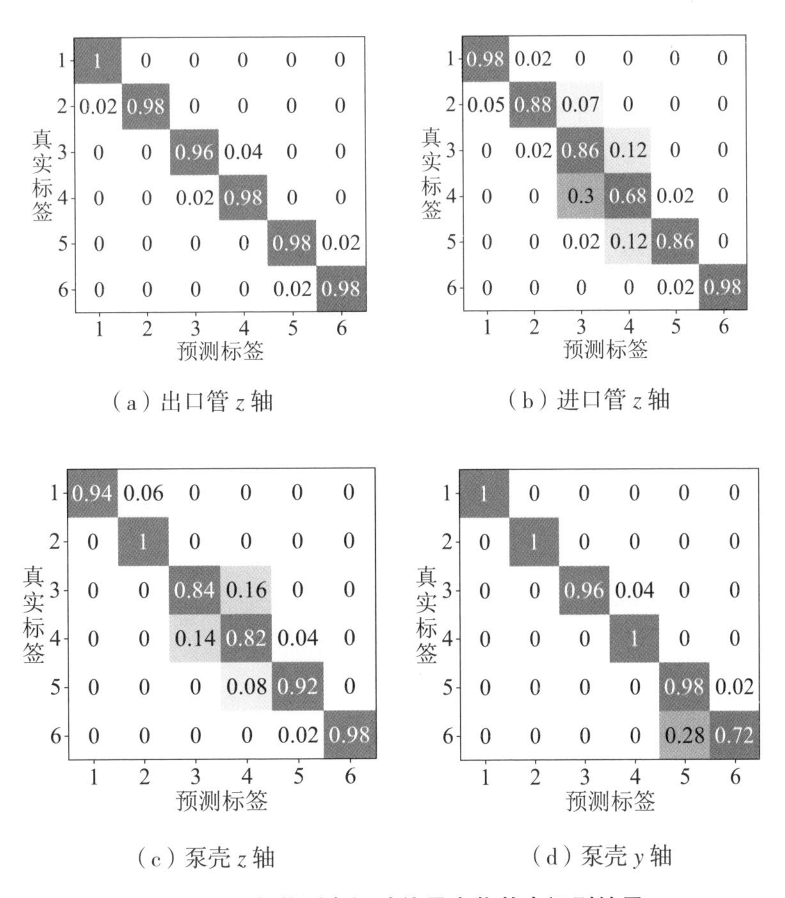

（a）出口管 z 轴　　（b）进口管 z 轴

（c）泵壳 z 轴　　（d）泵壳 y 轴

图 7–16　各监测点振动信号空化状态识别结果

本书在空化实验中给试验泵安装了 5 个振动加速度传感器，从而获得了试验泵的 5 个监测点的振动加速度信号数据。然后利用上述方法，根据其他 4 个监测点的振动信号，对试验泵设计工况 Q=40 m^3/h 下的空化状态进行识别。识别结果的混淆矩阵如图 7–16 所示，综合来看泵壳 x 轴处监测点的识别准确率最高为 98.7%，出口管 z 轴监测点次之，识别准确率为 98.0%，进口管 z 轴监测点的识别准确率最低为 87.1%，泵壳 z 轴监测点的识别准确率为 91.6%，泵壳 y 轴监测点的识别准确率为 94.3%。

多通道传感器融合是一种利用多个不同类型或者相同类型的传感器来

获取更准确完整的信息的技术。针对空化试验中所安装的五个通道的振动传感器，对其进行基于特征级的多通道传感器融合。以设计工况 Q=40 m³/h 为例，实验中的五个通道的振动信号采集是同步进行的，因此将相同时间段内的不同通道振动信号组成一个样本段集合，长度与前文保持一致，为 5 个 1 024 长度的振动信号组成，各自提取不同通道振动信号的有效 IMF 能量特征，最后复合成长度为 30 的特征向量，输入贝叶斯优化向量机中进行训练和测试，最终识别准确率为 99.7%，高于单通道传感器的 98.7%。工况 Q=35 m³/h 和 Q=45 m³/h 的识别准确率分别为 100% 和 99.3%，三类流量工况平均识别率为 99.7%，各个流量工况下的测试集识别结果的混淆矩阵如图 7-17 所示。

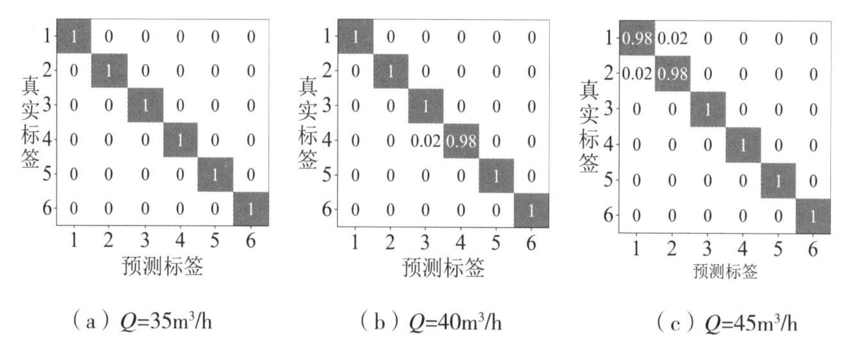

（a）Q=35m³/h （b）Q=40m³/h （c）Q=45m³/h

图 7-17 多通道振动信号融合识别结果

7.2 残差神经网络识别效果对比

7.2.1 单通道振动信号空化状态识别

残差神经网络（Residual Network, ResNet）是一种深度学习中卷积神经网络架构模型。在深度神经网络中，每一层都会对输入数据进行变换，然后将变换后的数据传递给下层，随着网络层数的增加，梯度在反向传播过程中变得非常小或非常大，即梯度消失或爆炸问题，从而影响网络模型的训练效果。为了解决这个问题，残差神经网络引入了残差模块的概念。残差块包含两个或多个卷积层，并在输入和输入之间添加一个捷径连接，这样在反向传播过程中，梯度可以直接通过捷径连接传递回来，避免了梯度消失和爆炸问题，整个网络模型仅学习输入和输出之间的差异部分，模型的学习任务得以简化，同时提高了模型的判别能力，残差模块如图 7-18 所示，一个残差模块包含 2 或 3 个卷积操作。

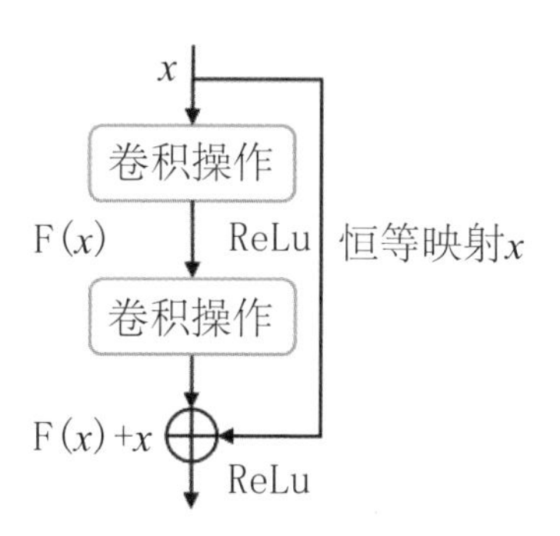

图 7-18　ResNet 残差模块

首先根据单个振动传感器采集到的数据，结合 ResNet 网络进行空化状态识别。为符合网络的数据输入类型，对信号样本进行类型转换操作，首先将单个长度为 1 024 的一维时序振动信号重构为 32 × 32 维度的矩阵，并将此重构的矩阵复制成 3 份，组成 32 × 32 × 3 的三维矩阵，对前文得到的 996 个样本均做此转换操作，如图 7-19 所示。

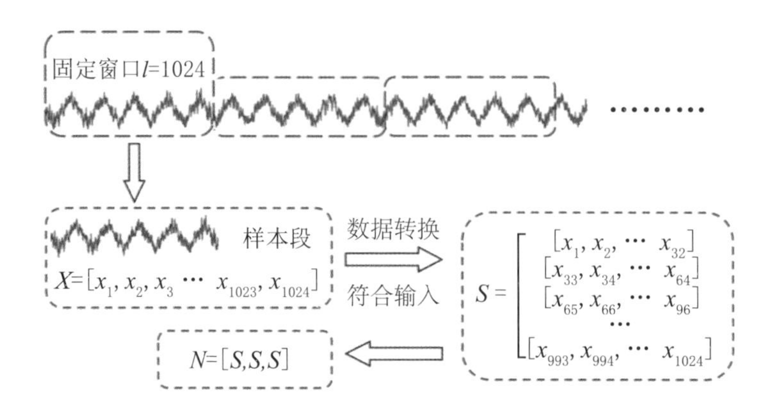

图 7-19　单通道传感器信号样本划分及数据转换

验证方案同样采用留出法，按照 60%、10%、30% 的比例分布划分出训练集、验证集及测试集。本书选用 Adam 优化算法作为梯度下降算法，网络的初始学习率设为 0.001，保证了参数的平稳性，损失函数为交叉熵损失函数，批处理尺寸设置为 32，训练轮数为 50。使用泵壳 x 轴监测的振动信号对试验泵的原始振动信号进行六分类，工况 Q=35 m³/h 的识别准确率为 93.0%，设计工况 Q=40 m³/h 的识别准确率为 93.8%，工况 Q=45 m³/h 的识别准确率为 97.3%，平均识别率为 94.7%，将各个流量工况下所得分类结果表示为混淆矩阵如图 7-20 所示。

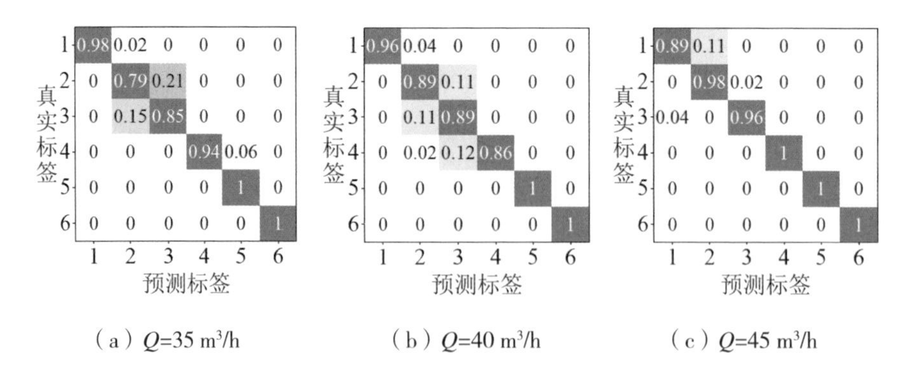

（a）Q=35 m³/h　　（b）Q=40 m³/h　　（c）Q=45 m³/h

图 7-20　单通道振动传感器空化识别结果

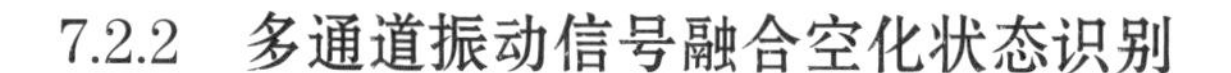

7.2.2　多通道振动信号融合空化状态识别

残差神经网络擅长对多维输入的学习，因此可以对多通道采集的振动数据同时进行训练学习。如图 7–21 所示，与单通道振动信号空化状态识别试验一致，选取长度为 1024 的振动信号作为一个样本信号，在本书的空化试验中，5 个振动加速度传感器对试验泵的振动进行同步采集，由此可以获得 5 个通道的一维振动数据，先将其重构为 1024 × 5 的矩阵，再将此矩阵复制成 3 份，构成 3 × 1024 × 5 的 3 维矩阵，以满足 ResNet 模型的数据输入。

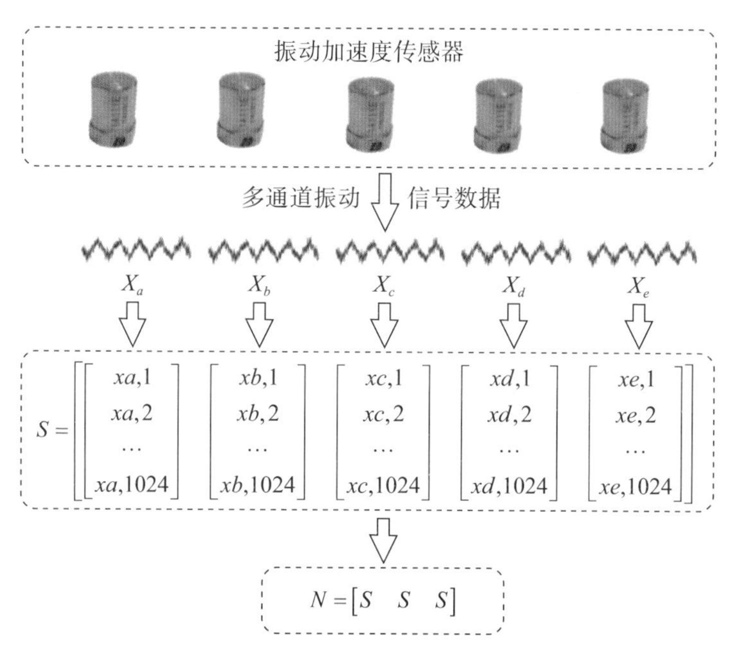

图 7–21　多通道振动信号融合

通过融合多通道的振动信号，对试验泵的不同流量下原始振动信号进行分类，将所得分类结果表示为混淆矩阵如图 7–22 所示，工况 Q=35 m³/h 下的识别准确率为 100%，设计工况 Q=40 m³/h 下的识别准确率为 99.3%，错误分类发生 NPSHK，NPSH 1% 和 NPSH 3% 之间，工况 Q=45 m³/h 下的识别准确率为 98.7%，错误分类发生在 NPSH 0%，NPSHK 和 NPSH 1%。平均识别准确率为 99.3%，高于单通道振动信号的识别准确率 94.7%。

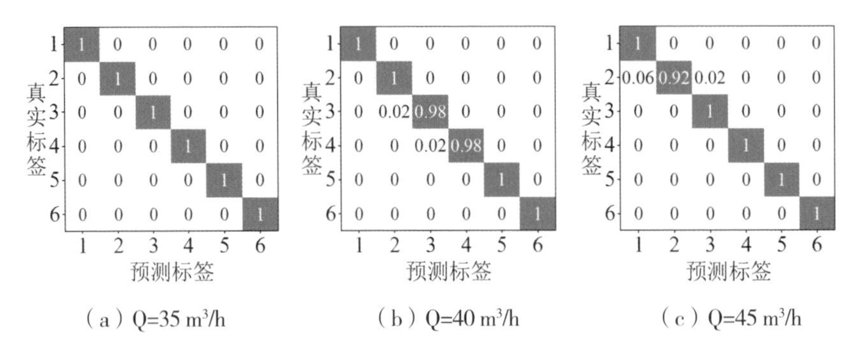

（a）Q=35 m³/h （b）Q=40 m³/h （c）Q=45 m³/h

图 7-22　多通道振动信号融合状态识别结果

本书中选取的梯度下降算法为 Adam 优化算法，为避免梯度下降算法对识别结果的影响，本书将 Adam 优化算法替换为 SGD、Adagrad 和 Momentum 三类优化算法来进行效果对比，结果如图 7-23 所示，在三类流量工况下，Adam 优化算法作为梯度下降算法的网络模型平均识别准确率最高为 99.3%，SGD、AdaGrad 和 Momentum 作为梯度下降算法时的平均识别准确率依次为 88.3%、96.3%、92.6%。

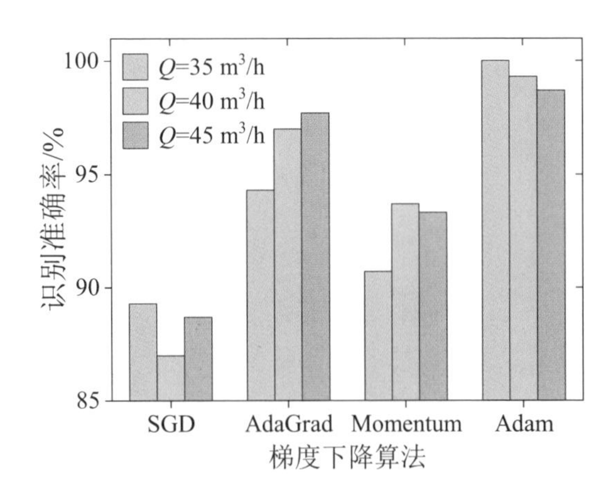

图 7-23　不同梯度下降算法下 ResNet 网络识别效果对比

7.2.3　两种方法识别效果对比

基于振动信号的机械设备故障诊断方案中除了根据设备的机理模型来对故障信号进行分析以外，还有机器学习方案和深度学习方案，机器学习方案模型训练简单，但需要良好的特征工程，本书中基于 CEEMDAN-SVM 的空化状态识别方法就属于这一类，而深度学习方案不依赖机理知识，能自动捕捉关键特征，但解释性存在一定问题，基于残差神经网络的空化状态识别就属于深度学习方案，两者之间各有优势。基于 CEEMDA-SVM 的空化状态识别的方法需要先对试验泵的振动信号提取各频段的 IMF 能量特征后再进行模型训练，而基于残差神经网络的空化状态识别不需要特征工程，将原始振动信号进行数据转换后即可训练网络。对于多通道融合信号识别，CEEMDAN-SVM 空化状态识别是基于特征级融合来实现的，而残差神经网络本身的输入模式就支持多维数据。见表 7-3 所列，从本书的最终识别效果来看，CEEMDAN-SVM 空化状态识别方法不管从单通道振动信号输入还是多通道振动信号输入都要优于残差神经网络，在多通道振动信号融合输入下识别准确率达到了 99.7%，即 300 个测试样本中仅有 1 个被错分。

表 7-3　设计工况下两种识别方法效果对比

空化状态识别方法	单通道振动信号 /%	多通道振动信号融合 /%
CEEMDAN-SVM	96.8	99.7
残差神经网络	94.7	99.3

参考文献

[1] 沈阳水泵研究所，叶片泵设计手册［M］. 北京：机械工业出版社，1983.

[2] 沈阳水泵研究所，离心泵设计基础［M］. 北京：机械工业出版社，1974.

[3] 关醒凡. 现代泵理论与设计［M］. 北京：中国宇航出版社，2011.

[4] 牟介刚，李必祥，离心泵设计实用技术［M］. 北京：机械工业出版社，2015.

[5] 牟介刚，谷云庆，离心泵设计通用技术［M］. 北京：机械工业出版社，2018.

[6] 沈阳水泵研究所，合肥华生泵阀股份有限公司，广东省佛山水泵厂有限公司，等. 回转动力泵水力性能验收试验1级、2级和3级：GB/T3216-2016［S］. 北京：中国标准出版社，2017.

[7] 沈阳水泵研究所，上海东方泵业（集团）有限公司，广东省佛山水泵厂有限公司，等. 离心泵效率：GB/T13007-2011［S］. 北京：中国标准出版社，2012.

[8] 沈阳鼓风机集团股份有限公司，沈阳耐蚀合金泵股份有限公司，上海连成（集团）有限公司，等. 离心泵、混流泵和轴流泵汽蚀余量：GB/T 13006-2013［S］. 北京：中国标准出版社，2014.

[9] 沈阳水泵研究所，上海东方泵业（集团）有限公司，上海凯士比泵有限公司，等. 泵的振动测量与评价方法：GB/T29531—2013［S］. 北京：中国标准出版社，2013.

[10] 沈阳水泵研究所，上海凯泉泵业（集团）有限公司，淄博华成泵业有限公司，等. 泵的噪声测量与评价方法：GB/T29529-2013［S］. 北京：中国标准出版社，2013.

[11] 段桂芳，肖崇仁，席三忠，等，泵试验技术实用手册［M］. 北京：机械工业出版社，2017.

[12] 刘红敏，流体机械泵与风机［M］. 上海：上海交通大学出版社，2014.

[13] 穆为明，张文钢，黄刘琦. 泵与风机的节能技术［M］. 上海：上海交通大学出版社，2013.

[14] 黄志坚，袁周. 工业泵节能实用技术［M］. 北京：中国电力出版社，2013.

[15] 毛君. 机械振动学［M］. 北京：北京理工大学出版社，2016.

[16] 布莱文斯. 流体诱发振动［M］. 吴恕三，译. 北京：机械工业出版社，1983.

[17] 应怀樵. 现代振动与噪声技术［M］. 北京：航空工业出版社，2007.

[18] 郭之璜. 机械工程中的噪声测试与控制［M］. 北京：机械工业出版社，1993.

[19] 王佐民. 噪声与振动测量［M］. 北京：科学出版社，2009.

[20] 刘晓波. 旋转机械故障诊断若干关键技术研究及应用 [M]. 北京：机械工业出版社，2012.

[21] 杨建刚. 旋转机械振动分析与工程应用 [M]. 北京：电力出版社，2007.

[22] 游磊. 旋转机械振动信号故障模式识别系统研究 [M]. 成都：电子科技大学出版社，2019.

[23] 徐朝晖，徐东海，玉林，等. 水泵与水轮机空化状态监测与诊断的研究进展 [J]. 农业机械学报，2003（01）：139-142.

[24] 周陈贵. 基于振动及电流信号的旋流泵空化状态识别方法研究 [D]. 杭州：中国计量大学，2023.

[25] Tiwari R，Bordoloi D J，Dewangan A. Blockage and cavitation detection in centrifugal pumps from dynamic pressure signal using deep learning algorithm [J]. Measurement，2021，173：108676.

[26] 夏均忠，苏涛，张阳，等. 基于EEMD能量熵及LS-SVM滚动轴承故障诊断 [J]. 噪声与振动控制，2014，34（03）：170-175.

[27] 张建伟，侯鸽，暴振磊，等. 基于CEEMDAN与SVD的泄流结构振动信号降噪方法 [J]. 振动与冲击，2017，36（22）：138-143.

[28] VanraJ，Dhami S S，Pabla B S. Non-contact incipient fault diagnosis method of fixed-axis gearbox based on CEEMDAN [J]. Royal Society open science，2017，4（8）：170616.

[29] CHEN W，LI J，WANG Q，et al. Fault feature extraction and diagnosis of rolling bearings based on wavelet thresholding denoising with CEEMDAN energy entropy and PSO-LSSVM [J]. Measurement，2021，172：108901.

[30] 刘瑶. 基于时频分析的风机故障智能诊断方法研究 [D]. 杭州：

浙江大学，2021.

［31］Sakthivel N R，Sugumaran V，Babudevasenapati S. Vibration based fault diagnosis of monoblock centrifugal pump using decision tree［J］. Expert Systems with Applications，2010，37（6）：4040–4049.

［32］Siano D，Panza M A. Diagnostic method by using vibration analysis for pump fault detection［J］. Energy Procedia，2018，148：10–17.

［33］伍柯霖，钱全，邢允，等. 基于时频分析的离心泵空化状态表征研究［J］. 工程热物理学报，2021，42（01）：106–114.

［34］贺国，曹玉良，明廷锋，等. 基于改进倍频带特征的离心泵空化状态识别［J］. 哈尔滨工程大学学报，2017，38（08）：1263–1267+1302.

［35］李志杰，兰媛，黄家海，等. 基于CBLRE模型的轴向柱塞泵空化状态检测研究［J］. 机电工程，2022，39（05）：634–640.

［36］Safizadeh M S，Yari B. Pump cavitation detection through fusion of support vector machine classifier data associated with vibration and motor current signature［J］. Insight–Non–Destructive Testing and Condition Monitoring，2017，59（12）：669–673.

［37］Pradhan P K，Roy S K，Mohanty A R. Detection of broken impeller in submersible pump by estimation of rotational frequency from motor current signal［J］. Journal of Vibration Engineering & Technologies，2020，8（4）：613–620.

［38］Becker V，Schwamm T，Urschel S，et al. Detection of rotor and impeller faults in wet–rotor pumps［C］. Gothenburg：2020 International Conference on Electrical Machines（ICEM），2020. 1308–1314.

［39］LUO Y，YUAN S，YUAN J，et al. Induction motor current signature for centrifugal pump load [J] . Proceedings of the Institution of Mechanical Engineers, Part C: Journal of Mechanical Engineering Science, 2016, 230 (11) : 1890–1901.

[40] Popaleny P, Duyar A, Ozel C, et al. Electrical submersible pumps condition monitoring using motor current signature analysis [C] . Abu Dhabi, UAE: Abu Dhabi International Petroleum Exhibition & Conference, 2018. 12–15.

[41] Jones D L, Baraniuk R G. An adaptive optimal–kernel time–frequency representation [J] . IEEE Transactions on Signal Processing, 1995, 43 (10) : 2361–2371.

[42] 赵学智，叶邦彦，陈统坚. 奇异值差分谱理论及其在车床主轴箱故障诊断中的应用 [J] . 机械工程学报，2010，46 (01) : 100–108.

[43] 鲁玲，许威. 块Hankel矩阵快速低秩估计及在地震信号中的应用 [J] . 同济大学学报，2014，42 (05) : 807–815.

[44] 党建，李骥，贾嵘，等. 基于EMD连续几何分布的水电机组振动信号降噪 [J] . 水力发电学报，2020，39 (04) : 46–54.

[45] 高强，杜小山，范虹，等. 滚动轴承故障的EMD诊断方法研究 [J] . 振动工程学报，2007 (01) : 15–18.

[46] 夏均忠，苏涛，张阳，等. 基于EEMD能量熵及LS–SVM滚动轴承故障诊断 [J] . 噪声与振动控制，2014，34 (03) : 170–175.

[47] 张建伟，侯鸽，暴振磊，等. 基于CEEMDAN与SVD的泄流结构振动信号降噪方法 [J] . 振动与冲击，2017，36 (22) : 138–143.

[48] 罗志增，严志华，傅炜东. 基于CEEMDAN–ICA的单通道脑电信号眼电伪迹滤除方法 [J] . 传感技术学报，2018，31 (08) : 1211–

1216.

［49］王文哲，吴华，王经商，等．基于CEEMDAN的雷达信号脉内细微特征提取法［J］．北京航空航天大学学报，2016，42（11）：2532-2539.

［50］伍柯霖．泵空化状态的声振表征方法研究［D］．杭州：浙江大学，2022.

［51］YU K，LIU L，LI J，et al. Multi-source causal feature selection［J］. IEEE Transactions on Pattern Analysis and Machine Intelligence，2019，42（9）：2240-2256.

［52］谷玉海，韩秋实，徐小力，等．T分布随机近邻嵌入机械故障特征提取方法研究［J］．机械科学与技术，2016，35（12）：1900-1905.

［53］董安国，张倩，刘洪超，等．基于TSNE和多尺度稀疏自编码的高光谱图像分类［J］．计算机工程与应用，2019，55（21）：177-182+219.

［54］杨婧，续婷，白艳萍，等．基于网格搜索与支持向量机的轴承故障诊断［J］．科学技术与工程，2021，21（22）：9360-9364.

［55］YUAN S F，CHU F L. Support vector machines-based fault diagnosis for turbo-pump rotor［J］. Mechanical Systems and Signal Processing，2006，20（4）：939-952.

［56］崔佳旭，杨博．贝叶斯优化方法和应用综述［J］．软件学报，2018，29（10）：3068-3090.

［57］李俭川，胡茑庆，秦国军，等．基于贝叶斯网络的故障诊断策略优化方法［J］．控制与决策，2003（05）：568-572.

［58］郭玥秀，杨伟，刘琦，等．残差网络研究综述［J］．计算机应用研

究，2020，37（05）：1292-1297.

［59］古莹奎，吴宽，李成. 基于格拉姆角场和迁移深度残差神经网络的滚动轴承故障诊断［J］. 振动与冲击，2022，41（21）：228-237.

［60］刘飞，陈仁文，邢凯玲，等. 基于迁移学习与深度残差网络的滚动轴承快速故障诊断算法［J］. 振动与冲击，2022，41（03）：154-164.

［61］施杰，伍星，柳小勤，等. 变分模态分解结合深度迁移学习诊断机械故障［J］. 农业工程学报，2020，36（14）：129-137.

［62］Weitao Zeng，PeiJian Zhou，Yanzhao Wu，Denghao Wu，Mansen Xu. Multicavitation States Diagnosis of the Vortex Pump Using a Combined DT-CWT-VMD and BO-LW-KNN Based on Motor Current Signals. IEEE Sensors Journal，2024，24（19）：30690-30705.

［63］PeiJian Zhou，Weitao Zeng，Wenwu Zhang，Chengui Zhou，Zhifeng Yao. Multi-cavitation states identification of a sewage pump using CEEMDAN and BOA-SVM. Journal of Water Process Engineering，2024，61：105299.

［64］王福军. 计算流体动力学分析—CFD软件原理与应用［M］. 北京：清华大学出版社，2004.

［65］周凌九，王正伟. 水力机械流激振荡及振动分析技术［M］. 北京：清华大学出版社，2022.

［66］王勖成. 有限单元法［M］. 北京：清华大学出版社，2003.

［67］Liang Q W，Rodriguez C G，Egusquiza E，et al. Numerical Simulation of Fluid Added Mass Effect on a Francis Turbine Runner［J］. Computing Fluids，2007，36（6）：1106-1118.

[68] 曾永顺. 水泵叶轮与导叶流致振动的水力阻尼特性研究 [D] . 北京：中国农业大学，2022.

[69] Menter F R. Review of the shear-stress transport turbulence model experience from an industrial perspective [J] . International Journal of Computational Fluid Dynamics，2009，23（4）：306-316.

[70] Smirnov P E，Menter F R. Sensitization of the SST Turbulence Model to Rotation and Curvature by Applying the Spalart-Shur Correction Term [J] . Journal of Turbomachinery，2009，131：041010.

[71] ANSYS Inc. ANSYS User Manual 14. 5 [M] . USA：ANSYS Inc，2012.

[72] 裴吉，袁寿其. 离心泵非定常流动特性及流固耦合机理 [M] . 北京：机械工业出版社，2014.

[73] Celik I B，Ghia U，Roache P J，Freitas C J. Procedure for estimation and reporting of uncertainty due to discretization in CFD applications [J] . Journal of Fluids Engineering，2008，130（7）：078001.

[74] 曾永顺，刘妍琦，邓柳泓，刘岚林，姚志峰，肖若富. 淹没深度对离心式叶轮模态参数的影响 [J] . 北京理工大学学报，2021，41（10）：1043-1049.